Digitalelektronik

Eine Einführung für Physiker

Von Dipl.-Phys. Karl-Heinz Rohe
und Prof. Dr. phil. Detlef Kamke

Ruhr-Universität Bochum

Mit 144 Figuren und 25 Tabellen

B. G. Teubner Stuttgart 1985

Dipl.-Phys. Karl-Heinz Rohe

Geboren 1938 in Arnsberg (Westfalen). Studium der Physik in Göttingen, Saarbrücken und Münster. 1964 Diplom, anschließend Entwicklungsingenieur bei Fa. Siemens in Karlsruhe. Seit 1967 wiss. Angestellter in der Fakultät für Physik und Astronomie an der Universität Bochum.

Prof. Dr. phil. Detlef Kamke

Geboren 1922 in Hagen/Westfalen, Studium der Physik in Tübingen und Göttingen. Diplom-Physiker 1946 Göttingen. Promotion 1951 Marburg/Lahn, dort anschließend wissenschaftlicher Assistent. 1958 Habilitation und Oberassistent in Marburg. 1959/61 California Institute of Technology, seit 1963 o. Professor für Experimentalphysik an der Ruhr-Universität Bochum, 1967/68 Oak Ridge National Laboratory, USA, ab 1. 1. 1980 Professor".

CIP-Kurztitelaufnahme der Deutschen Bibliothek
Rohe, Karl-Heinz:
Digitalelektronik : e. Einf. für Physiker /
Karl-Heinz Rohe u. Detlef Kamke. — Stuttgart :
Teubner, 1985.
  (Teubner-Studienbücher : Physik)
ISBN-13: 978-3-519-03077-5   e-ISBN-13: 978-3-322-84836-9
DOI: 10.1007/978-3-322-84836-9
NE: Kamke, Detlef:

Das Werk ist urheberrechtlich geschützt. Die dadurch begründeten Rechte, besonders die der Übersetzung, des Nachdrucks, der Bildentnahme, der Funksendung, der Wiedergabe auf photomechanischem oder ähnlichem Wege, der Speicherung und Auswertung in Datenverarbeitungsanlagen, bleiben, auch bei Verwertung von Teilen des Werkes, dem Verlag vorbehalten.
Bei gewerblichen Zwecken dienender Vervielfältigung ist an den Verlag gemäß § 54 UrhG eine Vergütung zu zahlen, deren Höhe mit dem Verlag zu vereinbaren ist.
© B. G. Teubner, Stuttgart 1985

Gesamtherstellung: Beltz Offsetdruck, Hemsbach/Bergstraße
Umschlaggestaltung: W. Koch, Sindelfingen

Vorwort

Das vorliegende Buch entstand aus einer Vorlesung, die von uns an der Ruhr-Universität Bochum für Physik-Studenten mittlerer Semester angeboten wurde. Es war das Ziel, Grundkenntnisse der digitalen Elektronik und speziell der Mikroprozessortechnik zu vermitteln, so daß Funktionsweise und Anwendungsmöglichkeiten digitaler Schaltkreise verständlich werden. Die Beschreibung analoger Bauelemente, die in den hier diskutierten Schaltungen Verwendung finden, ist auf die wichtigsten Aspekte reduziert. Grundlagen und weiterführende Informationen zu diesem Themenkreis enthält das Buch "Elektronik für Physiker" von K.-H. Rohe, auf das gelegentlich verwiesen wird.

Im ersten Teil werden die zur Beschreibung digitaler Schaltkreise nötigen Gesetzmäßigkeiten anhand einfacher Beispiele erläutert und die wichtigsten Schaltkreistechnologien dargestellt. Die Diskussion einfacher digitaler Schaltkreise bildet die Voraussetzung zum Verständnis der Komponenten von Mikroprozessorsystemen, mit denen sich der Leser im zweiten Teil vertraut machen kann. An konkreten Beispielen wird der Schaltungsaufbau ("Hardware") und die Programmierung ("Software") von Mikroprozessorsystemen unter Verwendung des Mikroprozessors "8085" beschrieben, wodurch das Verständnis der komplexen Zusammenhänge erleichtert werden soll.

Bei der technischen Herstellung des druckfertigen Manuskriptes konnten wir auf bewährte Mitarbeiterinnen zurückgreifen: Frau Doris Runzer stellte die Zeichnungen her, Frau Dagmar Hake führte die Photoarbeiten aus, und Frau Elke Sepaniak war für die Schreibarbeiten zuständig. Allen dreien danken wir sehr herzlich für die sachverständige Mitarbeit und die saubere und geduldige Ausführung aller Arbeiten bis zur endgültigen Fertigstellung.

Bochum, im Mai 1985   K.-H. Rohe
                                                               D. Kamke

Inhaltsverzeichnis

	Seite
1 Digitaltechnik	7
1.1 Einleitung	7
1.2 Schalter zur Realisierung einfacher logischer Funktionen	9
1.3 Dioden-Gatter	15
1.4 Der Transistor als Schalter	17
1.5 Schaltkreis-Technologien	21
1.5.1 TTL-Schaltkreise	21
1.5.2 Schottky-TTL	23
1.5.3 ECL-Schaltungen	25
1.5.4 I^2L-Schaltkreise	27
1.5.5 CMOS-Schaltkreise	29
1.6 Grundelemente digitaler Schaltkreise	33
1.7 Einfache digitale Rechenschaltkreise	36
1.7.1 Das binäre Zahlensystem	36
1.7.2 Komparatoren	38
1.7.3 Addierer	42
1.7.4 Subtrahierer	45
2 Digitale Datenverarbeitung	49
2.1 Enkoder und Dekoder	49
2.2 Ziffernanzeigen	54
2.3 Speicher, Zähler, Register	59
2.3.1 RS-Flip-Flop als Speicher	59
2.3.2 Master-Slave-Flip-Flop	62
2.3.3 Zähler	68
2.3.4 Schieberegister	71
2.4 Multiplexer	73
2.5 Kopplung von analogen und digitalen Schaltkreisen	81
2.5.1 Schmitt-Trigger	81
2.5.2 Astabiler Multivibrator	84
2.5.3 Impulsformung	86
2.5.4 Monostabile Kippschaltungen	89
2.6 Bauelemente der digitalen Meßtechnik	90
2.6.1 Analog/Digital-(A/D-)Wandler	90
2.6.2 Impulshöhen-Analysatoren	93
2.6.3 Digital/Analog-(D/A-)Wandler	98
2.6.4 Nachlauf-A/D-Wandler	105
2.6.5 Spannungs/Frequenz-Wandler (U/F-Wandler)	106

	Seite
3 Mikroprozessor und Mikrocomputer	109
3.1 Komponenten eines Mikrocomputer-Systems	110
3.2 Das Bussystem	111
3.3 Festwertspeicher (ROM)	113
3.4 Schreib-Lesespeicher (RAM)	118
3.5 Ein-Ausgabe-Einheit (PORT)	121
3.6 Der Mikroprozessor (CPU)	123
3.7 Ein Mikroprozessorsystem	131
3.8 Programmierung eines Mikroprozessorsystems	134
3.8.1 Der Befehlssatz des Mikroprozessorsystems "8085"	136
3.8.1.1 Befehlsstruktur und Adressierungsarten	136
3.8.1.2 Daten-Transfer-Befehle	142
3.8.1.3 Arithmetische Befehle	144
3.8.1.4 Die logischen Befehle	146
3.8.1.5 Die Gruppe der Sprungbefehle	150
3.8.1.6 Unterprogramme	151
3.8.1.7 STACK-Operationen und I/O-Befehle	155
3.8.1.8 Interrupt-Behandlung	157
3.8.2 Anwendungsbeispiel	161
3.8.2.1 Dateneingabe und -Ausgabe	161
3.8.2.2 Die Unterprogramme	170
3.9 Meßtechnische Anwendungen	176
3.9.1 Digitaler Meßwertspeicher	176
3.9.2 Ein Vielkanalanalysator	183
3.10 Eine programmierte Maschinensteuerung	194
3.11 Erweiterungsmöglichkeiten von Minicomputern	200

1 Digitaltechnik

1.1 Einleitung

Die Elektronik, speziell die elektronische Meßtechnik, kann in zwei technologisch sehr unterschiedliche Gebiete unterteilt werden, nämlich in Analog- und Digitaltechnik. In der analogen Meßtechnik wird eine physikalische Größe mit kontinuierlichem Wertevorrat, wie z.B. Temperatur, Druck, Zeit, in eine ihr eindeutig entsprechende, d.h. "analoge" elektrische Größe wie Strom, Spannung oder Widerstand umgeformt. Im allgemeinen strebt man die Umformung in eine Spannung als analoger Größe an, da Spannungen mittels geeigneter Verstärker in beliebige, für die Weiterverarbeitung oder Darstellung günstige Spannungen umgesetzt werden können.

Bei nicht zu großen Anforderungen an die Genauigkeit des Meßergebnisses wird die Weiterverarbeitung der analogen elektrischen Größe (Spannung) mit analogen Rechenschaltungen durchgeführt (Multiplikation, Mittelwertbildung, Integration, usw.), wobei am Ende die Anzeige des Meßergebnisses durch ein Zeigerinstrument erfolgen kann, bei dem der Winkel des Zeigerausschlages als Analogwert mit dem Strom als Eingangsgröße verknüpft ist. Die Genauigkeit analoger Meßgeräte ist durch mechanische, winkelabhängige Gerätefehler und subjektive Ablesefehler begrenzt.

Wenn hohe Genauigkeit der Meßwertverarbeitung und Meßwertanzeige bzw. -Registrierung erforderlich sind, bedient man sich der digitalen Meßwert- bzw. Datenverarbeitung. In der Digitaltechnik wird eine Meßgröße mit kontinuierlichem Wertevorrat (meist eine Spannung) zunächst quantisiert, d.h. als ganzzahliges Vielfaches einer Grundeinheit dargestellt. Die Digitaldarstellung der Meßgröße ist dann eine Zahl, die eben dieses Vielfache ausdrückt (digital = an den Fingern abzählbar; von lat. digitum = Finger). Die technisch wichtigste Digitaldarstellung ist die Zahlendarstellung im Dualsystem, einem auf der Basis 2 beruhenden Stellenwertsystem. Bei dieser Darstellung einer Ziffer Z in der Form

(1.1) $\quad Z = a_n 2^n + a_{n-1} 2^{n-1} + \ldots + a_1 2^1 + a_0 2^0$

können die Koeffizienten a_ν nur die Werte 0 oder 1 annehmen. Die Ziffer Z wird dann als Dual- oder Binärzahl durch die Koeffizienten $a_0, \ldots, a_n$ dargestellt, die - beginnend mit a_0 - von rechts nach links hintereinander geschrieben werden: $a_n a_{n-1} \ldots a_1 a_0$. Dabei hat die ganz rechts stehende Stelle die Wertigkeit $2^0 = 1$ und jede weiter links stehende einen um den Faktor 2 höheren Stellenwert (s. auch Abschn. 1.7.1). Zur elektronischen Verarbeitung von Digitalwerten ordnet man den Dualwerten 0 und 1 physikalische Zustandsgrößen zu, die nur zwei verschiedene diskrete Werte annehmen können, wie z.B. geschaltete Ströme (s. Fig. 1.1), wobei stromführende Schaltelemente (geschlossene Schalter) einen "1"-Zustand und stromlose (offene Schalter) einen "0"-Zustand darstellen. Meist stellt man jedoch die beiden Zustände durch unterschiedliche Spannungen $U_L \hat{=}$ "0" und $U_H \hat{=}$ "1" dar, für die z.B. gilt: $0 \text{ V} \leq U_L \leq 1 \text{ V}$ und $2,5 \text{ V} \leq U_H \leq 5 \text{ V}$. Digitale Schaltelemente zeichnen sich dadurch aus, daß die Zustandsgrößen, mit denen sie arbeiten (Strom, Spannung) innerhalb gewisser Bereiche schwanken können, ohne daß die Funktion des Schaltelementes beeinträchtigt wird.

Die Genauigkeit der digitalen Meßwertverarbeitung und Meßwertdarstellung hängt damit wesentlich von der Anzahl der Binärstellen bzw. der Anzahl der zugeordneten digitalen Schaltelemente ab. Vor allem die Möglichkeit, digitalisierte Meßwerte oder allgemein Digitalinformationen beliebig lange und in sehr großer Menge speichern zu können, eröffnet Möglichkeiten, die mit analogen Verfahren praktisch gar nicht realisierbar sind.

Während analoge Schaltkreise Ausgangssignale abgeben, deren Größe eine stetige Funktion des Eingangssignals ist, sind digitale Bauelemente im Prinzip Schalter, die unter bestimmten Bedingungen normierte Spannungen oder Ströme ein- oder ausschalten. Dazu dienten seit Ende des vorigen Jahrhunderts mechanische Schalter in Form von Relais. In der größten digitalen Datenverarbeitungsanlage, dem Selbstwähltelefonsystem, wird die Verarbeitung der Rufnummern auch heute noch zum großen Teil mit Relais durchgeführt. Seit der Erfindung des Transistors durch Shockley, Bardeen und Brittain (1948) und der Entwicklung integrierter Schaltkreise im Jahre 1958 sind mechanische Schalter durch die viel schneller arbeitenden elektronischen Schalter mehr und mehr verdrängt worden.

Die Fortschritte der Halbleitertechnologie ermöglichen die Zusammenfassung vieler (heute bis zu 10^5) elektronischer Schalter auf wenigen mm^2 Silizium-Fläche (Chip genannt). Dadurch konnte (bei sinkenden Preisen) die Zuverlässigkeit und die - bei sehr schnellen Schaltkreisen durch die Signallaufzeit begrenzte - Schaltgeschwindigkeit digitaler Bauelemente erheblich gesteigert werden.

1.2 Schalter zur Realisierung einfacher logischer Funktionen

Die einfachsten Schaltelemente mit zwei diskreten Schaltzuständen sind (mechanische) Schalter. Anhand von Schaltern läßt sich das Verhalten einfacher digitaler Schaltkreise und deren Beschreibung durch Tabellen und logische Funktionen anschaulich darstellen. Die zwei Zustände eines Schalters sind (Fig. 1.1):

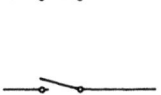

Fig. 1.1: Ein einfacher "EIN"- und "AUS"-Schalter bewirkt einen "1" oder einen "0"-Zustand des elektrischen Stromes

Schalter geschlossen, bzw. stromführend: Zustand EIN = Zustand "1" oder "high", abgekürzt H,
Schalter offen, bzw. nicht stromführend: Zustand AUS = Zustand "0" oder "low", abgekürzt L.

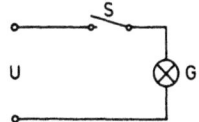

Fig. 1.2: Die Wirkung des mit der Glühlampe G in Reihe gelegten Schalters S läßt sich in einer Wahrheitstabelle darstellen; s. Text

Ein Stromkreis, bestehend aus einem Schalter S und einer Glühlampe G (Fig. 1.2) kann zwei Zustände annehmen, die in folgender "Wahrheitstabelle" aufgelistet sind:

S	G		S	G
0	0	bzw.	L	L
1	1		H	H

Der Zustand von S bedingt den Zustand von G und umgekehrt. Die Aussage der Wahrheitstabelle läßt sich hier durch eine einfache logische Funktion in der Form S = G beschreiben.

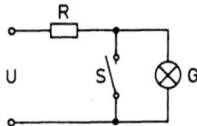

Fig. 1.3: Der parallel zu G angeordnete Schalter S übt die entgegengesetzte Funktion wie in Fig. 1.2 aus

Der in Fig. 1.3 dargestellte Schaltkreis zeigt ein anderes Verhalten:

S	G		S	G
0	1	bzw.	L	H
1	0		H	L

Hier entspricht dem Zustand von S stets das Gegenteil oder das Inverse des Zustandes von G. Man schreibt $\bar{S}$ = G oder S = $\bar{G}$. Diese Verknüpfung heißt <u>Negation</u>. Aus beiden Gleichungen folgt G = $\bar{S}$ = $\bar{\bar{G}}$, d.h. $\bar{\bar{G}}$ = G: <u>doppelte Negation hebt sich auf</u>.

Mit der Festsetzung X = H (high) und $\bar{X}$ = $\bar{H}$ = L (low) ist eine "positive Logik" für die logische Variable X definiert.

Nun ein Schaltkreis, bei dem die Ausgangsgröße G von zwei Eingangsgrößen S_1 und S_2 abhängt (Fig. 1.4):

S_1	S_2	G
L	L	L
L	H	L
H	L	L
H	H	H

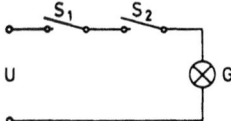

Fig. 1.4: Zwei in Reihe gelegte Schalter ergeben eine UND-Verknüpfung

In der Wahrheitstabelle sind die 2^2 möglichen Kombinationen der beiden Eingangsvariablen S_1 und S_2 und die zugehörigen Ausgangszustände G aufgeführt. Der Ausgangszustand G = H liegt nur vor, wenn die Eingangsvariablen S_1 und S_2 beide im H-Zustand sind. Als Gleichung formuliert: G = S_1 UND S_2. Diese UND-Verknüpfung wird in der deutschen Literatur durch G = $S_1 \wedge S_2$ beschrieben. Das Symbol $\wedge$ ist vom "A" des engl. AND abgeleitet. In der angelsächsischen Literatur ist die Schreibweise G = $S_1 \cdot S_2$ gebräuchlich. Eine <u>UND-Verknüpfung</u> wird auch <u>Konjunktion</u> genannt.

Im Stromkreis Fig. 1.5 fließt ein Strom durch G, wenn der Schalter S_1 oder der Schalter S_2 geschlossen ist, oder wenn beide geschlossen sind: G = H, wenn S_1 oder S_2 im H-Zustand sind. In Gleichungsform: G = S_1 ODER S_2. Diese ODER-Verknüpfung wird durch G = $S_1 \vee S_2$ beschrieben. Das Zeichen $\vee$ ist abgeleitet vom "V" des lat. VEL = oder. In der angelsächsischen Literatur ist die Schreibweise G = $S_1 + S_2$ gebräuchlich[*]. Eine <u>ODER-Verknüpfung</u> wird auch <u>Disjunktion</u> genannt.

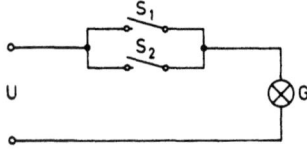

S_2	S_1	G
L	L	L
L	H	H
H	L	H
H	H	H

Fig. 1.5: Die parallel gelegten Schalter realisieren eine ODER-Verknüpfung

---

[*] Die logische Operation ODER ergibt G = H, falls A oder B = H, oder auch A = B = H. Später werden auch solche logischen ODER-Operationen benötigt, bei denen A = B = H ausgeschlossen wird; sie werden als "exklusives ODER" bezeichnet, s. Abschn. 1.7.2.

Der Schaltkreis in Fig. 1.5 kann nicht nur durch die Ausgangszustände G = H beschrieben werden, sondern ebenso durch den Zustand G = L. Der Wahrheitstabelle entnimmt man $\bar{G} = \bar{S}_1$ UND $\bar{S}_2$, bzw. $\bar{G} = \bar{S}_1 \wedge \bar{S}_2$. Sowohl die Disjunktion $G = S_1 \vee S_2$ als auch die Konjunktion $\bar{G} = \bar{S}_1 \wedge \bar{S}_2$ beschreiben ein und dasselbe System. Die Negation der Disjunktion ergibt $\bar{G} = \overline{S_1 \vee S_2}$. Andererseits ist $\bar{G} = \bar{S}_1 \wedge \bar{S}_2$. Also gilt hier die Relation

(1.2) $$\overline{S_1 \vee S_2} = \bar{S}_1 \wedge \bar{S}_2 \; .$$

Dies ist das <u>Gesetz von De Morgan</u>. Für das Rechnen mit den diskreten Variablen digitaler Schaltkreise bzw. für die Verknüpfung logischer Zustandsgrößen gelten neben dem De Morganschen Gesetz noch weitere Gesetze. So gilt z.B. das <u>distributive Gesetz</u> in der Form

(1.3) $\quad X_1$ UND $(X_2$ ODER $X_3) = (X_1$ UND $X_2)$ ODER $(X_1$ UND $X_3)$.

Dies Gesetz sieht in der angelsächsischen Schreibweise, wo ∧ durch den Malpunkt ·, ∨ durch das Pluszeichen + ausgedrückt wird, wie eine algebraische Gleichung aus:

(1.4 a) $\quad X_1 \cdot (X_2 + X_3) = X_1 \cdot X_2 + X_1 \cdot X_3$.

In der deutschen Schreibweise:

(1.4 b) $\quad X_1 \wedge (X_2 \vee X_3) = (X_1 \wedge X_2) \vee (X_1 \wedge X_3)^{*)}$.

Die Aussage des distributiven Gesetzes läßt sich durch den Schaltkreis Fig. 1.6 veranschaulichen.

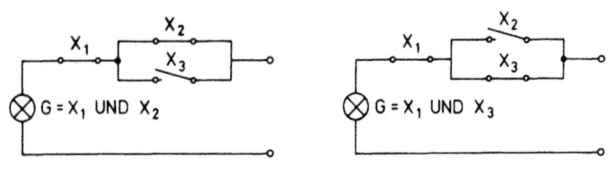

$G = X_1$ UND $(X_2$ ODER $X_3)$

Fig. 1.6: Die Funktion der drei Schalter läßt sich durch das <u>distributive Gesetz</u> beschreiben

---
*) Der Anfänger empfindet die angelsächsische Schreibweise als durchsichtiger und mag auch die nachfolgenden schwierigeren Operationen auf diese Weise schneller nachvollziehen können. Dennoch bleiben wir bei der deutschen Schreibweise, um logische von arithmetischen Operationen zu unterscheiden.

Etwas merkwürdig erscheint das Absorptionsgesetz

(1.5) $\qquad X_1 \wedge (X_1 \vee X_2) = X_1$,

doch die Umsetzung dieser Formel in einen Schaltkreis gemäß Fig. 1.7 klärt den Sachverhalt. Man sieht, daß der Schalter X_2 völlig ohne Bedeutung ist und der Doppelschalter X_1 durch einen einfachen ersetzt werden kann ($X_1 \wedge X_1 = X_1$), ohne das Schaltverhalten des Kreises zu verändern. Genau dieses besagt das Absorptionsgesetz bezogen auf die Schaltelemente X_1 und X_2.

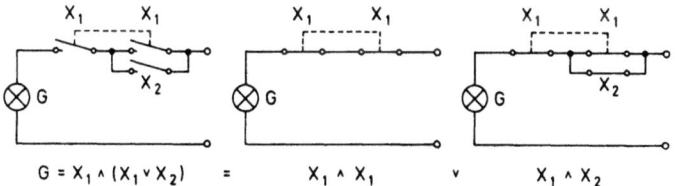

Fig. 1.7: Diese 3-Schalter-Anordnung läßt sich durch einen einzigen Schalter ersetzen: Absorptionsgesetz

Die Tabelle 1.2 enthält eine Zusammenfassung der wichtigsten Rechenregeln und Gesetze für logische und schaltalgebraische Variable.

Tabelle 1.2

<u>Logische Funktionen und Gesetze</u>
(UND = AND = $\wedge$, ODER = OR = $\vee$; angelsächs. Schreibw. AND = $\cdot$,
OR = +)

1. Negation:
    $y = \bar{x}$, $\bar{y} = \bar{\bar{x}} = x$; $\bar{0} = 1$, $\bar{1} = 0$

2. Konjunktion (UND):
    $y = x_1 \wedge x_2$ $\qquad\qquad$ $y = x_1 \cdot x_2$

3. Disjunktion (ODER):
    $y = x_1 \vee x_2$ $\qquad\qquad$ $y = x_1 + x_2$

4. Gesetze für die Negation:
    $0 = x \wedge \bar{x}$ $\qquad\qquad$ $0 = x \cdot \bar{x}$
    $1 = x \vee \bar{x}$ $\qquad\qquad$ $1 = x + \bar{x}$

5. Tautologie:
    $x = x \wedge x$ $\qquad\qquad$ $x = x \cdot x$
    $x = x \vee x$ $\qquad\qquad$ $x = x + x$

6. Operationen mit 0 und 1:
    $x \wedge 1 = x$; $x \wedge 0 = 0$ $\qquad$ $x \cdot 1 = x$; $x \cdot 0 = 0$
    $x \vee 1 = 1$; $x \vee 0 = x$ $\qquad$ $x + 1 = x$; $x + 0 = x$

7. Kommutatives Gesetz:
    $x_1 \wedge x_2 = x_2 \wedge x_1$ $\qquad\qquad$ $x_1 \cdot x_2 = x_2 \cdot x_1$
    $x_1 \vee x_2 = x_2 \vee x_1$ $\qquad\qquad$ $x_1 + x_2 = x_2 + x_1$

8. Assoziatives Gesetz:
    $x_1 \wedge (x_2 \wedge x_3) = (x_1 \wedge x_2) \wedge x_3$; $x_1 \cdot (x_2 \cdot x_3) = (x_1 \cdot x_2) \cdot x_3$
    $x_1 \vee (x_2 \vee x_3) = (x_1 \vee x_2) \vee x_3$; $x_1 + (x_2 + x_3) = (x_1 + x_2) + x_3$

9. Distributives Gesetz:
    $x_1 \wedge (x_2 \vee x_3) = (x_1 \wedge x_2) \vee (x_1 \wedge x_3)$; $x_1 \cdot (x_2 + x_3) = x_1 \cdot x_2 + x_1 \cdot x_3$

10. Absorptionsgesetz:
    $x_1 \wedge (x_1 \vee x_2) = x_1$ $\qquad\qquad$ $x_1 \cdot (x_1 + x_2) = x_1$
    $x_1 \vee (x_1 \wedge x_2) = x_1$ $\qquad\qquad$ $x_1 + x_1 \cdot x_2 = x_1$

11. De Morgans Gesetz:
    $\overline{x_1 \wedge x_2} = \overline{x_1} \vee \overline{x_2}$ $\qquad\qquad$ $\overline{x_1 \cdot x_2} = \overline{x_1} + \overline{x_2}$
    $\overline{x_1 \vee x_2} = \overline{x_1} \wedge \overline{x_2}$ $\qquad\qquad$ $\overline{x_1 + x_2} = \overline{x_1} \cdot \overline{x_2}$
    $\overline{\bar{x}_1 \wedge \bar{x}_2} = x_1 \vee x_2$ $\qquad\qquad$ $\overline{\bar{x}_1 \cdot \bar{x}_2} = x_1 + x_2$
    $\overline{\bar{x}_1 \vee \bar{x}_2} = x_1 \wedge x_2$ $\qquad\qquad$ $\overline{\bar{x}_1 + \bar{x}_2} = x_1 \cdot x_2$

1.3 Dioden-Gatter

In der Elektronik werden digitale Schaltkreise fast ausschließlich mit schnellschaltenden Halbleiterbauelementen aufgebaut. Eine Diode ist das einfachste Halbleiterbauelement, das einen Schalter ersetzen kann. Je nach Polung der anliegenden Spannung U_D ist eine Diode leitend oder gesperrt, entsprechend den Schaltzuständen EIN und AUS. Weil also der Schaltzustand einer Diode von der angelegten Spannung abhängt, ist es zweckmäßig, die digitalen Zustandsgrößen durch Spannungswerte zu charakterisieren. Dabei ist zu berücksichtigen, daß an einer stromdurchflossenen Silizium- (Si-)Diode eine Flußspannung U_F von ca. 0,7 V abfällt (s. Fig. 1.8; vgl. auch K.-H. Rohe, Elektronik für Physiker, Verlag TEUBNER, 2. Aufl. Stuttgart 1983, Abschn. 1.2.2[*]). Insofern ist eine Si-Diode kein idealer Schalter. Eine notwendige Bedingung für eine positive Spannung $U_Y > 0$ am Ausgang der Schaltung gemäß Fig. 1.9 ist, daß an mindestens einem der Eingänge X_1 ODER X_2 ODER X_3 eine Spannung $U_X > U_F \approx 0,7$ V anliegt[**]. Eine solche Schaltung nennt man ODER-Gatter (Gatter = Tor, durch das unter bestimmten Bedingungen Signale durchgelassen werden). Durch die Dioden werden die Eingänge untereinander (und vom Ausgang) elektrisch so entkoppelt, daß positive Spannungen nicht von einem Eingang auf den anderen zurückwirken können.

Als logische Variablen, mit denen dieses ODER-Gatter arbeiten kann, definiert man zweckmäßigerweise für den H-Zustand eine Spannung $U_H \gg U_F = 0,7$ V und für den L-Zustand eine Spannung $U_L < U_F$. Bei dem ODER-Gatter in Fig. 1.9 hängt die Ausgangsgröße Y von den drei Eingangsvariablen X_1, X_2, X_3 ab. Das Schaltverhalten des Gatters wird formelmäßig durch die ODER-Verknüpfung $Y = X_1 \vee X_2 \vee X_3$ (bzw. $Y = X_1 + X_2 + X_3$) beschrieben.

---

[*] Dieses Buch wird im folgenden noch häufiger zitiert, dann nur noch mit dem Namen des Verfassers und der Angabe des relevanten Abschnittes oder der zu zitierenden Seitennummer.

[**] Häufig werden in diesem Buch anstelle der wörtlichen Beschreibungen (...oder...oder) sogleich die exakten Funktionsbeschreibungen verwendet, was der Umsetzung in logische Funktionen entspricht, also z.B. statt "X_1 oder X_2 oder X_3" sogleich "X_1 ODER X_2 ODER X_3".

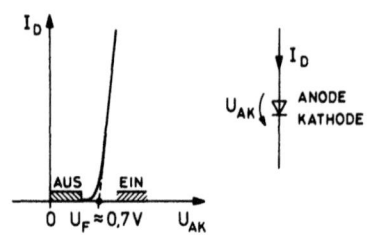

Fig. 1.8: Kennlinie einer Halbleiterdiode (links) und Schaltsymbol (rechts)

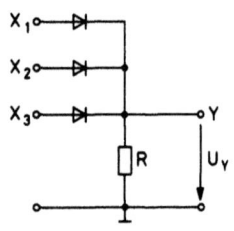

Fig. 1.9: Die Ausgangsspannung U_Y hängt gemäß einer ODER-Verknüpfung von den drei Eingangsspannungen X_1, X_2, X_3 ab (ODER-Gatter)

Ebensogut kann das Schaltverhalten aber auch ausgedrückt werden durch die UND-Verknüpfung $\bar{Y}=\bar{X}_1 \wedge \bar{X}_2 \wedge \bar{X}_3$ (bzw. $\bar{Y}=\bar{X}_1 \cdot \bar{X}_2 \cdot \bar{X}_3$), was besagt, daß der Ausgang Y nur dann im L-Zustand ist, wenn alle Eingänge im Zustand L sind (und was nach <u>De Morgan</u> auch aus der Negation der ODER-Verknüpfung folgt).

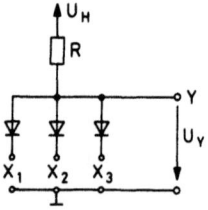

Fig. 1.10: Die Ausgangsspannung U_Y hängt gemäß einer UND-Verknüpfung von den drei Eingangsspannungen X_1, X_2, X_3 ab (UND-Gatter)

Fig. 1.10 zeigt ein Gatter, welches unter denselben Voraussetzungen eine UND-Verknüpfung für positive Eingangsspannungen realisiert. Falls auch nur einer der X-Eingänge an Nullpotential (⊥) liegt, ist die Ausgangsspannung $U_Y=U_F\approx 0,7$ V. Das bedeutet definitionsgemäß, daß der Ausgang Y unter diesen Bedingungen den L-Zustand annimmt. Nur wenn alle Eingänge X_1 UND X_2 UND X_3 auf dem positiven Potential U_H liegen ($U_H \hat{=}$ H-Zustand), ist auch der Ausgang Y im H-Zustand. Das Verhalten dieses Schaltkreises kann daher beschrieben werden durch die Konjunktion (UND-Verknüpfung) $Y=X_1 \wedge X_2 \wedge X_3$ bzw. durch die Disjunktion (ODER-Verknüpfung) $\bar{Y}=\bar{X}_1 \vee \bar{X}_2 \vee \bar{X}_3$.

Ein wesentlicher Mangel der Diodengatter besteht in dem Spannungsunterschied zwischen Eingang und Ausgang infolge des Spannungsabfalls U_F an einer leitenden Diode. Es ist daher problematisch, eine größere Anzahl solcher Dioden-Gatter miteinander zu verschalten. In umfangreichen Digitalschaltungen benötigt man vielmehr Gatter mit normierten, von den Eingangsspannungswerten in gewissen Grenzen unabhängigen Ausgangszuständen. Das läßt sich dadurch erreichen, daß man mit dem Ausgangssignal des Diodengatters einen Transistor ansteuert, der als Schalter mit definierten Ausgangszuständen arbeitet.

1.4 Der Transistor als Schalter

Ein Transistor, der als Schalter betrieben wird (Schalttransistor), soll wie dieser nur zwei Schaltzustände annehmen. In Fig. 1.11 ist einem mechanischen Schalter (links) ein NPN-Transistor mit entsprechenden Schaltzuständen gegenübergestellt (rechts). Der AUS- und EIN-Schaltzustand des Transistors wird in einem Kennlinienfeld (Fig. 1.12) veranschaulicht (Rohe 2.1[*]). Bei einem guten Schalttransistor fließt bei dem Basisstrom $I_B=0$ bzw. der Basis-Emitterspannung $U_{BE}=0$ nur der praktisch vernachlässigbare Kollektorsperrstrom oder Reststrom $I_{CR}\approx 0$ (1nA<I_{CR}<100 nA). Im Kennlinienfeld ist der AUS-Zustand gegeben durch den Schnittpunkt der Sperrkennlinie (mit dem Parameter $I_B=0$) und der Widerstandsgeraden, deren Gleichung gegeben ist durch $U_{CE}=U_V-R_L \cdot I_C$. Die Widerstandsgerade schneidet die U_{CE}-Achse bei U_V und die I_C-Achse bei U_V/R_L. Diese Schnittpunkte charakterisieren den AUS- und EIN-Zustand eines ide333alen Schalters (bei einem idealen Schalttransistor bestünde das Kennlinienfeld aus horizontalen Geraden parallel zur U_{CE}-Achse, die ohne Steigung die Ordinate schneiden, außerdem würde die Kennlinie für $I_B=0$ mit der Abszissenachse übereinstimmen).

---

[*] s. Fußnote *) S. 15

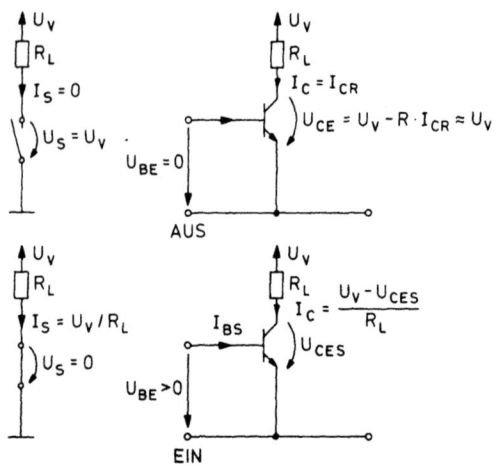

Fig. 1.11: Gegenüberstellung der Schaltzustände eines mechanischen Schalters (links) und eines Transistors als Schalter (rechts) (V: Versorgung, B: Basis, CE: Kollektor-Emitter, BS: Basisstrom im Sättigungsbereich, C: Kollektor, L: Last)

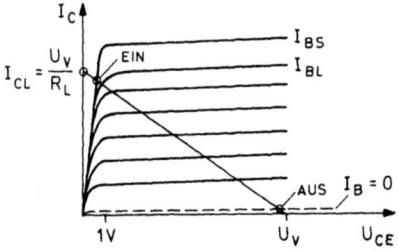

Fig. 1.12: Kennlinienfeld eines NPN-Transistors (Bedeutung der Indices s. Fig. 1.11)

Im EIN-Zustand sollte über einem realen Schalttransistor eine möglichst kleine Spannung U_{CE} abfallen. Das ist im Sättigungsbereich (Index S) der Fall, wenn ein Strom I_{BS} in die Basis eingespeist wird, der größer ist als der Basisstrom I_{BL}, welcher zur Aufrechterhaltung des Kollektorstromes $I_{CL}=U_V/R_L$ erforderlich ist. Der Kollektorstrom I_C ist um den Stromverstärkungsfaktor B größer als der Basisstrom I_B, $I_C = B \cdot I_B$. Falls also der Basisstrom

$I_{BS} > I_{BL} = I_{CL}/B = U_V/B \cdot R_L$ ist, fällt über dem Schalttransistor die Sättigungsspannung $U_{CES} < U_{BE} < 1V$ ab. Der Schnittpunkt der Transistorkennlinie $I_C = I_C(U_{CE}, I_{BS})$ mit der Widerstandsgeraden ergibt den EIN-Zustand. Mit guten Schalttransistoren lassen sich Sättigungsspannungen $U_{CES} < 0,1V$ erreichen.

Im Ausgang eines Transistors, der nur mit den Eingangsströmen $I_B = 0$ oder I_{BS} angesteuert wird, treten also nur die Ausgangsspannungen $U_{CE}(I_B = 0) = U_V = U_H$ und $U_{CE}(I_{BS}) = U_{CES} = U_L (<0,1V) \approx 0$ auf. Wählt man in der Schaltung Fig. 1.13 den Widerstand R_B im Basisstrompfad so, daß bei $U_E = U_V$ der Basisstrom I_{BS} fließt, so ergibt sich für den Widerstand R_B:

$$\frac{U_V - U_{BE}}{R_B} \approx \frac{U_H - 0,7V}{R_B} = I_{BS} > \frac{I_{CS}}{B} \approx \frac{U_V}{R_L \cdot B} ; \quad R_B < B \cdot R_L.$$

Wenn man den durch $U_L << 1V$ und $U_H = U_V$ (z.B. $U_V = 5V$) definierten Spannungen die logischen Wertigkeiten L und H zuordnet, so läßt sich das Schaltverhalten der Schaltung 1.13 durch folgende Wahrheitstabellen ausdrücken:

U_E	U_A
0	U_V
U_V	U_{CES}

bzw.

X	Y
L	H
H	L

Die Wahrheitstabelle besagt, daß der Zustand des Ausgangs Y invers zum Zustand des Eingangs X ist. Das Schaltverhalten wird durch die Schaltfunktion $Y = \bar{X}$ beschrieben. Man nennt die Schaltung "Inverter".

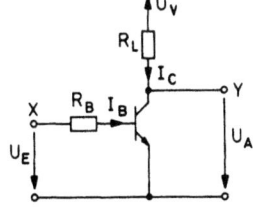

Fig. 1.13: Spannungen und Ströme am Schalttransistor

In Fig. 1.14 ist nun ein Dioden-Gatter mit nachgeschaltetem Schalttransistor dargestellt. Falls einer der Eingänge X_1 ODER X_2 ODER X_3[*)] an Null-Potential liegt, fließt durch die entsprechende Diode und den Widerstand R_B ein Strom. Über der Diode fällt die Flußspannung $U_F \approx 0,7V$ ab. U_F fällt aber auch an der Diode D_4 im Basisstrompfad des Transistors ab, so daß $U_{BE} \approx 0$ ist: die Flußspannung von 0,7V über den Dioden D_1, D_2, D_3 wird durch D_4 kompensiert. Wegen $U_{BE} \approx 0$ sperrt der Transistor. Dann ist $I_C = I_{CR} \approx 0$ und $U_{CE} = U_V - I_C \cdot R_L \approx U_V$, also $U_Y = U_H$. Mit den für den Schalttransistor definierten Zustandsgrößen wird dieses Dioden-Transistorgatter beschrieben durch

(1.6) $$\bar{X}_1 \vee \bar{X}_2 \vee \bar{X}_3 = Y \ .$$

Wenn <u>alle</u> Eingänge X_1 UND X_2 UND X_3 an U_V liegen, fließt der Basisstrom I_{BS} über R_B und D_4 in die Basis des Transistors, der dadurch in Sättigung geht: $U_{CE}(I_{BS}) = U_{CES}$. Dieser Schaltzustand wird beschrieben durch $X_1 \wedge X_2 \wedge X_3 = \bar{Y}$ (was aus Gl. (1.6) auch nach <u>De Morgan</u> folgt). Die vorliegende Schaltung verhält sich also wie ein UND-Gatter mit Invertierung der Ausgangsgröße. Ein solches Gatter heißt "NAND-Gatter" (<u>N</u>egations-UND-Gatter).

Im Jahre 1964 wurden erstmals Gatter mit Dioden im Eingang und Schalttransistoren im Ausgang als Integrierte Digitalschaltkreise auf Si-Chips von nur wenigen mm^2 Fläche realisiert. Es wurde eine standardisierte Schaltkreis-Technologie, bestehend aus NAND- und NOR-Gattern, Invertern und komplexen Digitalschaltkreisen auf den Markt gebracht, die als "Dioden-Transistor-Logik" - kurz DTL - bezeichnet wurde. Mit diesen DTL-Schaltkreisen begann der Aufschwung der Digitaltechnik.

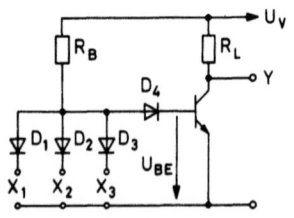

Fig. 1.14: Diodengatter entsprechend Fig. 1.10 mit nachgeschaltetem Schalttransistor

---

[*)] s. Fußnote S. 11

1.5 Schaltkreis-Technologien

1.5.1 TTL-Schaltkreise

Die Weiterentwicklung der DTL-Schaltkreise führte schon 1965 zur Einführung der TTL-Technologie (TTL=Transistor-Transistor-Logik). Das Diodengatter im Eingang der DTL-Schaltkreise ist bei TTL-Schaltkreisen durch einen speziellen NPN-Transistor mit mehreren Emittern ersetzt, s. Fig. 1.15.

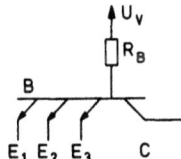

Fig. 1.15: Ersatz der 4 Dioden in Fig. 1.14 durch einen NPN-Transistor mit 3 Emittern und einer gemeinsamen Basis-Elektrode

Die P-Zonen (Anoden) der 4 Dioden des Diodengatters in Fig. 1.14 sind zur gemeinsamen Basiszone B eines NPN-Transistors mit (hier) drei Emittern E_1 bis E_3 (entsprechend den N-Zonen der Dioden D_1 bis D_3) und einem Kollektor C (entsprechend der N-Zone der Diode D_4) integriert. Dies ist technologisch vorteilhaft und führt wegen des geringen Platzbedarfs zu kleineren Schaltkapazitäten, was eine höhere Schaltgeschwindigkeit ermöglicht.

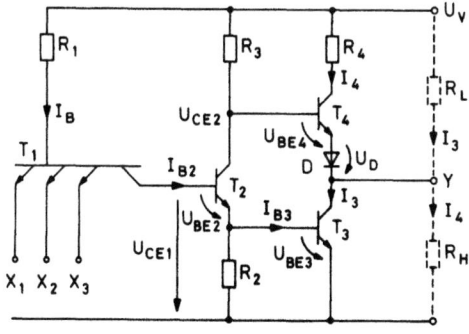

Fig. 1.16: Ein TTL-NAND-Gatter mit 3 Eingängen

In Fig. 1.16 ist die komplette Schaltung eines TTL-NAND-Gatters mit drei Eingängen dargestellt. Die Ausgangsstufe eines TTL-Schaltkreises ist so ausgelegt, daß der Ausgang Y mit maximal 10 TTL-Eingängen verbunden werden kann (Y kann 10 TTL-Lasten treiben). Dazu muß ein Schalttransistor der Ausgangsstufe einen Strom von ca. 16 mA in der Zeit von ca. 10 ns schalten. Falls ein Eingang X_1 ODER X_2 ODER X_3 an Nullpotential liegt, fließt über R_1 ein Strom I_B in die Basis von T_1, so daß T_1 in Sättigung geht und seine Kollektor-Emitter-Spannung $U_{CE1} \approx 0V$ ist. Damit ist die Basisspannung $U_{BE2} \approx 0$, so daß T_2 sperrt, was $U_{CE2} = U_V$ und $U_{BE3} = 0$ zur Folge hat. Wegen $U_{CE2} = U_V$ liegt auch die Basis des als Emitterfolger arbeitenden Transistors T_4 an U_V, so daß die Spannung am Ausgang Y gegeben ist durch $U_Y = U_V - U_{BE4} - U_D \approx U_V - 1,4V$, was einem H-Zustand für den Ausgang Y entspricht: $Y = \bar{X}_1 \vee \bar{X}_2 \vee \bar{X}_3$.

Der Ausgangsstrom I_4, der im Ausgangszustand Y=H an nachgeschaltete Verbraucher (R_H) abgegeben werden kann, fließt also über den niederohmigen Emitterfolger T_4. Der Widerstand R_4 im Kollektorstrompfad von T_4 dient zur Kurzschlußstrombegrenzung (falls der Ausgang direkt an Nullpotential gelegt wird). Wenn alle Eingänge X_1 UND X_2 UND X_3 an U_V liegen (oder offen sind) fließt über R_1 und die Basis-Kollektor-Diode von T_1 (inverser Betrieb des Transistors T_1) ein Strom I_{B2} in die Basis von T_2. Dadurch geht T_2 in Sättigung. Über R_3 und T_2 fließt dann ein Strom I_{B3} in die Basis von T_3, wodurch T_3 ebenfalls in Sättigung geht. Nun ist die Ausgangsspannung $U_Y = U_{CES} \approx 0V$. Die TTL-Schaltung stellt also ein NAND-Gatter dar: $X_1 \wedge X_2 \wedge X_3 = \bar{Y}$.

Der Ausgangsstrom I_3 - bedingt durch den äußeren Lastwiderstand R_L - fließt im Zustand $\bar{Y}$ über T_3 zum Nullpotential. Der Transistor T_4 ist gesperrt, weil an T_2 und T_3 nur deren Sättigungsspannung abfällt und weil infolge des Spannungsabfalls an der Diode D die Basis-Emitter-Spannung von $T_4 < 0,7V$ ist. Im Zustand Y und im Zustand $\bar{Y}$ ist jeweils nur einer der Ausgangstransistoren T_3 oder T_4 leitend. Die Ausgangsstufe arbeitet im Gegentakt und sorgt damit für kleine Ausgangswiderstände und hohe Ausgangsströme in beiden Ausgangszuständen, ohne daß energieverzehrende Querströme durch T_3 und T_4 fließen.

Bei TTL-Schaltungen sind für die L- und H-Zustände eingangsseitig größere Spannungsintervalle erlaubt, als ausgangsseitig auftreten können. Dadurch ergeben sich "Störabstände" S zwischen erlaubten und möglichen Schaltpegeln, wodurch auch unter ungünstigen Bedingungen (Spannungsabfall auf Verbindungsleitungen, Störspannungen) eine gewisse Störsicherheit garantiert wird (Fig. 1.17).

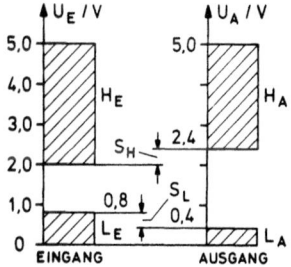

Fig. 1.17: Spannungspegel am Eingang und Ausgang eines TTL-Schaltkreises

Zu beachten ist, daß in einen TTL-Eingang, der an L-Potential liegt, ein Strom fließt. Dieser Eingangsstrom beträgt bei Standard-TTL ca. 1,6 mA. Da ein TTL-Gatter zwischen Eingang und Ausgang eine Spannungsverstärkung aufweist, neigt bei bestimmten Eingangsspannungen die Schaltung zum Schwingen. Um Schwingungen grundsätzlich zu vermeiden, sollten Pegeländerungen von L nach H oder von H nach L in weniger als 0,4 µs erfolgen (die Eingangsimpulse eines TTL-Gatters sollten also recht steile Flanken haben).

1.5.2. Schottky-TTL

Die TTL-Technologie ist bezüglich höherer Schaltgeschwindigkeit bei reduzierter Leistungsaufnahme weiter entwickelt worden. Wir hatten gesehen, daß Schalttransistoren, die entweder gesperrt oder gesättigt sind, das Schaltverhalten einer TTL-Schaltung bestimmen. Im eingeschalteten Zustand fließt ein kräftiger Basisstrom I_{BS} in den Schalttransistor, um eine möglichst kleine Ausgangsspannung U_{CES} zu erzielen. Das bedeutet für einen NPN-Transistor, daß Elektronen aus der Emitterzone in die P-Zone der Basis fließen. Wenn nun plötzlich der Transistor durch $I_B=0$ bzw. $U_{BE}=0$

gesperrt werden soll, so können die in die Basiszone gedrifteten Elektronen infolge der geringen Kollektorspannung $U_{CES} \approx 0$, nur relativ langsam aus der Basiszone ausgeräumt werden. Das führt zu einer erheblichen Schaltverzögerung t_a beim Abschalten des Transistors (Fig. 1.18).

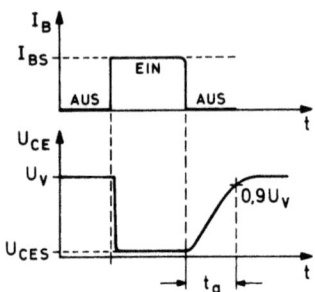

Fig. 1.18: Schaltverzögerung t_a eines gesättigten Schalt-Transistors

Bei Schottky-TTL-Schaltkreisen ist parallel zur Basis-Kollektor-Sperrschicht jedes Schalttransistors eine Schottky-Diode (Rohe 1.2.4.2) geschaltet (Fig. 1.19). Eine Schottky-Diode hat statt eines PN-Übergangs einen Metall-Halbleiter-Übergang. Am Ladungstransport über den Metall-Halbleiter-Übergang sind nur Leitungselektronen beteiligt, die infolge ihrer unterschiedlichen Energiezustände in beiden Materialien leicht vom Halbleiter in das Metall, aber nicht umgekehrt driften können. Dadurch entfallen beim Umschalten von Durchlaß- in Sperrichtung die (bei PN-Übergängen unvermeidlichen) Ausräumzeiten von Minoritätsträgern (für Elektronen aus der P-Zone bzw. für Defektelektronen aus der N-Zone) und die dadurch bedingten Sperrverzögerungszeiten. Schottky-Dioden schalten dadurch extrem schnell (ns). Hinsichtlich der hier interessierenden Funktion als "Klammerdiode" ist die geringe Flußspannung $U_F \approx 0,4V$ einer Schottky-Diode von ausschlaggebender Bedeutung.

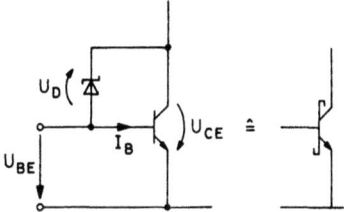

Fig. 1.19: Verkleinerung der Schaltverzögerung durch eine
Schottky-Diode zwischen Basis und Kollektor
eines Transistors; rechts Schaltsymbol

Die Schottky-Diode, die gemäß Fig. 1.19 als Klammerdiode zwischen
Basis und Kollektor eines Schalttransistors geschaltet ist, bewirkt im Sättigungsfall, daß die Kollektorspannung U_{CE} nur um den
Spannungsabfall der leitenden Schottky-Diode $U_D = U_F \approx 0{,}4V$ geringer
als die Basisspannung $U_{BE} \approx 0{,}7V$ sein kann: $U_{CE} = U_{BE} - U_D \approx 0{,}7V - 0{,}4V = 0{,}3V$.
Damit wird eine extrem kleine Sättigungsspannung U_{CES} verhindert
und eine kürzere Ausräumzeit sichergestellt. Die Diode stellt eine
nichtlineare Gegenkopplung dar: Mit wachsendem Basisstrom I_B wächst
auch der Kollektorstrom I_C wodurch U_{CE} gegen U_{CES} geht. Mit
$U_{CE} < U_{BE}$ wird aber die Schottky-Diode leitend und dadurch die Basisspannung U_{BE} (und damit I_B) verringert. So kann im Sättigungsfall U_{CE} einen Mindestwert nicht unterschreiten.
Schottky-TTL-Schaltkreise haben Schaltverzögerungen von wenigen
ns und können Impulsfrequenzen bis 100 MHz verarbeiten.

1.5.3 ECL-Schaltungen

Noch höhere Schaltgeschwindigkeiten als bei Schottky-TTL und
Verzögerungszeiten <1ns erreicht man mit Schaltungen, bei denen
alle Transistoren im linearen Bereich ihres Kennlinienfeldes
(außerhalb des Sättigungsgebietes) betrieben werden. Man spricht
von "ungesättigter Logik" im Gegensatz zur "gesättigten Logik"
der TTL- oder DTL-Technologie. Seit ca. 1965 sind solche Schaltungen unter der Bezeichnung "Emittergekoppelte Logik" kurz ECL
(Emitter Coupled Logic) bekannt.

ECL-Gatter sind im Prinzip Differenzverstärker, wobei die einzelnen Transistoren über einen gemeinsamen Emitterwiderstand gekoppelt sind. Das Prinzip eines ECL-Gatters zeigt Fig. 1.20.

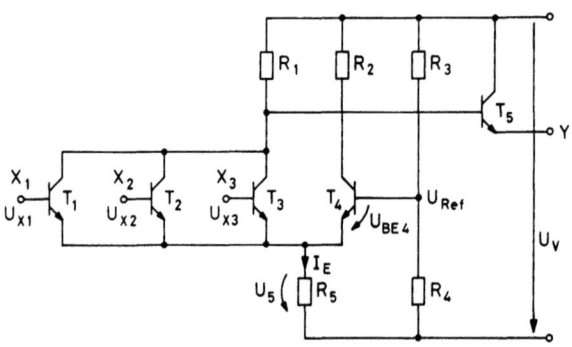

Fig. 1.20: Differenzverstärker bilden die schnellen Schalter der "Emittergekoppelten Logik" (ECL); Erläuterung s. Text

Die Transistoren T_1 bis T_3 bilden die eine Hälfte, und der Transistor T_4 bildet die andere Hälfte eines Differenzverstärkers mit dem gemeinsamen Emitterwiderstand R_5. An der Basis von T_4 liegt die Referenzspannung U_{Ref}, erzeugt durch den Spannungsteiler R_3 und R_4. Über R_5 fällt die Spannung $U_5 = U_{Ref} - U_{BE4} \approx U_{Ref} - 0,7V$ ab. Durch R_5 fließt daher der Strom $I_E = U_5/R_5$. Falls die Basisspannungen U_{X1} und U_{X2} und $U_{X3} < U_{Ref}$ sind, fließt I_E durch T_4 und R_2 zur Versorgungsspannung U_V ab. Die Transistoren T_1 bis T_3 sind gesperrt und die Basis des Emitterfolgers T_5 liegt über R_1 an der Versorgungsspannung U_V, so daß $U_Y = U_V - U_{BE5} \approx U_V - 0,7V$ ist. Falls eine der Basisspannungen U_{X1} oder U_{X2} oder $U_{X3} > U_{Ref}$ ist, leitet der entsprechende Transistor T_1, T_2 oder T_3 und I_E fließt über R_1 während T_4 sperrt. Die Basisspannung und damit auch die Ausgangsspannung des Emitterfolgers T_5 wird in diesem Fall um den Spannungsabfall $I_E \cdot R_1$ negativer als U_V.

In der Praxis bezieht man bei ECL-Schaltungen alle Spannungen auf die positive Versorgungsspannung U_V und definiert den H-Zustand durch die Spannung $U_H \gtrsim -0,9V$ und den L-Zustand durch die Spannung

$U_L < -1{,}75V$. Die Referenzspannung U_{Ref} beträgt $-1{,}3V$. Infolgedessen liegt die gemeinsame Emitterleitung auf ca. $-2V$. Im L-Zustand ist $U_Y = -1{,}75V$, so daß über R_1 eine Spannung von ca. $1V$ abfällt. Die Kollektor-Emitter-Spannung beträgt somit ca. $1V$. Es liegt keine Sättigung vor, so daß kurze Ausräum- bzw. Schaltzeiten möglich sind. Das Schaltverhalten des vorliegenden ECL-Gatters kann durch $X_1 \vee X_2 \vee X_3 = \bar{Y}$ beschrieben werden (NOR-Gatter). Über einen zusätzlichen Emitterfolger, dessen Basis am Kollektor von T_4 liegt, wäre eine zu U_Y komplementäre Ausgangsspannung abgreifbar (OR-Ausgang).

1.5.4 I^2L-Schaltkreise

Eine moderne bipolare Schaltungstechnologie, die sich durch geringen Stromverbrauch bei kleinen Betriebsspannungen sowie hohe Schaltgeschwindigkeit und große Packungsdichte auszeichnet, ist die im Jahre 1972 vorgestellte I^2L-Technik (Integrierte Injektor Logik). Während die bisher beschriebenen Schaltkreise mehrere Eingänge und einen Ausgang hatten, basieren I^2L-Schaltkreise auf Elementen mit einem Eingang und mehreren Ausgängen. Fig. 1.21 zeigt ein I^2L-Gatter bestehend aus einem NPN-Transistor mit mehreren Kollektoren und einem PNP-Transistor, der als Konstantstromquelle arbeitet: Die Versorgungsspannung U_V fällt über dem externen Widerstand R_E und der Basis-Emitter-Strecke des PNP-Transistors ab. Der Strom $I_{IN} = (U_V - U_{BE})/R_E$ fließt über den Kollektor dieses Transistors in die Basis des Mehrfach-Kollektor-Transistors. Dieser geht, falls seine Basis bzw. der Eingang nicht an Nullpotential liegt, durch den eingespeisten Basisstrom I_{IN} in Sättigung (alle Kollektoren werden auf Nullpotential geschaltet). Diese I^2L-Zelle stellt einen Inverter mit mehreren voneinander entkoppelten Ausgängen C_1 bis C_3 dar, die direkt mit den Eingängen anderer I^2L-Zellen verbunden werden können. Mit R_E oder U_V ist der Eingangsstrom und damit die Schaltgeschwindigkeit einstellbar. Fig. 1.22 zeigt ein ODER-Gatter mit zwei Eingängen und drei Ausgängen, aufgebaut mit drei I^2L-Zellen.

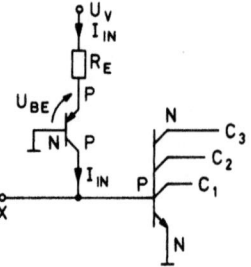

Fig. 1.21: Schaltelement in Integrierter Injektor Logik (I^2L); Erläuterung im Text

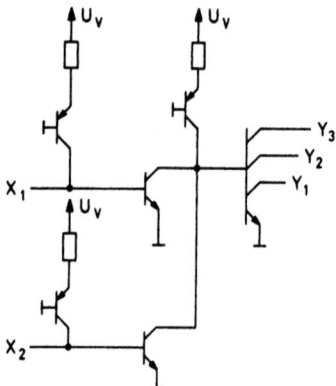

Fig. 1.22: ODER-Gatter mit 2 Ein- und 3 Ausgängen in I^2L-Technik

Bemerkenswert ist der strukturelle Aufbau einer integrierten I^2L-Zelle (Fig. 1.23): Der Kollektor des PNP-Transistors kann mit der P-Zone der Basis des NPN-Transistors integriert werden; ebenso die Basis des PNP- mit dem Emitter des NPN-Transistors (vgl. Fig. 1.21). Aus dieser Verschmelzung resultiert die hohe Packungsdichte der in I^2L-Technik aufgebauten integrierten Schaltungen.

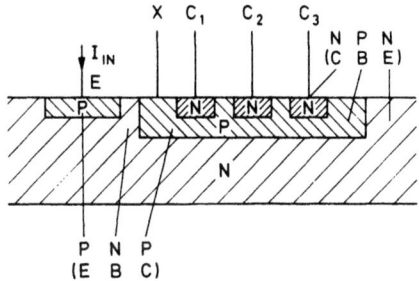

Fig. 1.23: Struktureller Aufbau einer integrierten I^2L-Zelle

1.5.5 CMOS-Schaltkreise

Viele moderne integrierte Digitalschaltkreise arbeiten mit MOS-FET (Metall-Oxid-Semiconduktor-Feldeffekttransistoren; Rohe 2.2.8.2) als Schalter. Dabei werden vor allem N- und P-Kanal-Anreicherungstypen eingesetzt, deren Funktionsweise kurz erklärt werden soll. Ein N-Kanal-MOS-FET besteht im Prinzip aus zwei N-Zonen, die in eine P-Zone eindiffundiert sind (Fig. 1.24).

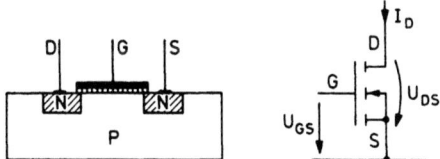

Fig. 1.24: Aufbau (links) und Schaltsymbol (rechts) eines N-Kanal-Feldeffekt-Transistors (Anreicherungstyp)

Die Anschlußelektroden heißen: "Source" (Quelle) und "Drain" (Senke). Isoliert durch eine ca 0,1 μm dicke Silicium-Oxid-Schicht (SiO_2, Quarz) ist über den beiden N-Zonen eine metallische Elektrode angebracht, die als "Gate" bezeichnet wird. Legt man zwischen Source und Drain eine Spannung U_{DS} an, so kann bei beliebiger Polung wegen des sperrenden PN-Übergangs nur ein kleiner Sperrstrom $I_{DS} \approx 0$ fließen. Nur wenn eine genügend große positive

Gate-Source-Spannung U_{GS} zwischen Source und Gate anliegt, können unter dem Einfluß des elektrischen Gate-Feldes Elektronen aus der N-Zone des Drainbereiches in die anschließende P-Zone driften. Bei positiver Drain-Source-Spannung fließen diese Elektronen dann zur Drain-Zone ab. Der Drainstrom I_D ist damit durch die Gate-Source-Spannung U_{GS} steuerbar: $I_D = I_D(U_{GS})$. Ein N-Kanal MOS-FET vom Anreicherungstyp ist ein selbstsperrender Transistor: $I_D(U_{GS}=0)=0$. P-Kanal-MOS-FET sind hinsichtlich Aufbau und Polarität der Betriebsspannungen komplementär zum N-Kanal-MOS-FET.

Ersetzt man den NPN-Schalttransistor der in Fig. 1.13 beschriebenen Inverter-Schaltung durch einen N-Kanal-MOS-FET, so arbeitet die Schaltung analog, wenn

$I_D(U_{GS}=0) = I_{DS} \approx 0$ d.h. $U_A(U_{GS}=0) \approx U_V$ und

$I_D(U_{GS}=U_V) = U_V/(R_L+r_{ON})$ d.h. $U_A(U_{GS}=U_V) \approx 0$ gilt.

Dabei ist r_{ON} der Innenwiderstand oder Kanalwiderstand, den der MOS-FET im EIN-Zustand ($U_{GS}=U_V$) annimmt. Es muß $r_{ON} \ll R_L$ sein, falls der Spannungsabfall über dem eingeschalteten MOS-FET vernachlässigbar sein soll ($r_{ON} < 100\Omega$).

Es gibt drei Schaltkreis-Technologien, bei denen MOS-FET als Schalttransistoren eingesetzt werden: N-MOS, P-MOS und CMOS. Bei den erstgenannten Technologien dienen N- bzw. P-Kanal-MOS-FET als Schalttransistoren und als Lastwiderstände. In CMOS-Schaltkreisen finden N- und P-Kanal-MOS-FET als komplementäre, d.h. welchselweise arbeitende, Schalter Verwendung. Fig. 1.25 zeigt den symmetrischen Aufbau eines CMOS-Inverters (C=complementär) und eine entsprechende Schalteranordnung. Bei $U_X=0$ sperrt der N-Kanal-MOS-FET ($U_{GS}=0$), während die Gate-Source-Spannung des P-Kanal-MOS-FET gleich der Versorgungsspannung U_V ist ($U_{GS}=-U_V$). Dadurch leitet der P-Kanal-MOS-FET, so daß die Ausgangsspannung U_Y des Inverters gleich U_V ist. Im Falle $U_X=U_V$ liegt U_V am Gate des N-Kanal-MOS-FET, wodurch dieser leitet, während der P-Kanal wegen $U_{GS}=0$ sperrt, so daß $U_Y=0$ ist. Unter den genannten Bedingungen leitet also nur ein Transistor. Im statischen Betrieb fließt kein Strom durch beide Transistoren. Im eingeschalteten Zustand ist die Leistungsaufnahme der CMOS-Schaltung sehr gering (einige nW bis µW). Wenn sich aber die Eingangsspannung U_X von 0 nach U_V oder umgekehrt ändert, leiten in einem Eingangsspannungsintervall $0<U_X<U_V$ beide Transistoren, so daß ein Querstrom durch die Schaltung fließt. Erfolgen die Eingangsspannungsänderungen sehr schnell, so sind die Umschaltverluste klein. Sie sind proportional zur Schaltfrequenz. Die Leistungsaufnahme von CMOS-Schaltkreisen ist zwar frequenzabhängig, jedoch i.a. geringer als die vergleichbarer Schaltkreise.

Standard-CMOS-Schaltkreise arbeiten mit Versorgungsspannungen von 3 bis 18V. Die Spannungsbereiche für die L- und H-Zustände betragen ca. 30% der Versorgungsspannung, so daß auch der Störabstand ca. 30% von U_V beträgt und höher als bei anderen Technologien ist. Als Logikpegel definiert man $U_L=0V$ und $U_H=U_V$ wobei - wie gesagt - relativ große Spannungstoleranzen erlaubt sind: $0 < U_L < 0,3 \cdot U_V$ und $0,7 \cdot U_V < U_H < U_V$. Um eine Zerstörung der nur ca. 0,1µ dicken Gate-Isolation durch elektrostatische Berührungsspannungen zu verhindern, sind Eingänge und Ausgänge von CMOS-Schaltkreisen durch Dioden- und Widerstandsnetzwerke geschützt. Fig. 1.26 zeigt den Aufbau eines NAND-Gatters in CMOS-Technik.

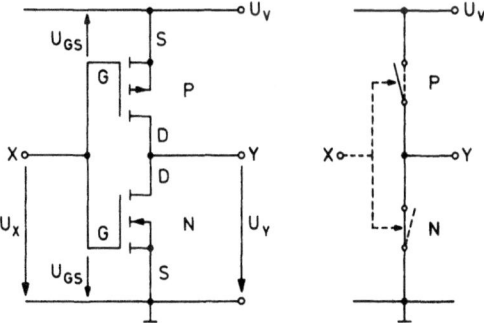

Fig. 1.25: Inverter mit 2 komplementären MOS-FET (links) und Vergleich mit 2 gegenphasig wirkenden Schaltern (rechts)

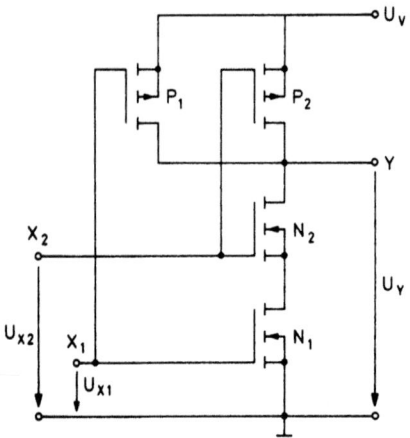

Fig. 1.26: Ein NAND-Gatter, bestehend aus 2 in Reihe geschalteten N-Kanal- und 2 parallel geschalteten P-Kanal-Feldeffekt-Transistoren

Das NAND-Gatter besteht aus zwei in Reihe geschalteten N-Kanal- und zwei parallel geschalteten P-Kanal-MOS-FET. Die Ausgangsspannung U_Y ist nur dann 0V, wenn beide N-Kanal-MOS-FET leitend sind. Das ist der Fall, wenn $U_{X1}=U_{X2}=U_V$ ist: $X_1 \wedge X_2 = \bar{Y}$. Mit U_{X1} oder $U_{X2}=0$ sperrt ein N-Kanal-MOS-FET und ein P-Kanal leitet, so daß $U_Y=U_V$ ist: $\bar{X}_1 \vee \bar{X}_2 = Y$. Ein CMOS-NOR-Gatter unterscheidet sich von dem in Fig. 1.26 dargestellten NAND-Gatter dadurch, daß die P-Kanal-MOS-FET in Reihe und die N-Kanal-MOS-FET parallel geschaltet sind. Falls eine Eingangsspannung gleich U_V ist, leitet ein N-Kanal ($U_Y=0$) und ein P-Kanal sperrt: $X_1 \vee X_2 = \bar{Y}$.

Während bei den zuerst entwickelten CMOS-Schaltkreisen die einzelnen MOS-FET durch P- und N-Zonen auf dem Silicium-Chip elektrisch voneinander isoliert wurden, realisiert man bei modernen CMOS-Schaltkreisen die gegenseitige Isolation durch Silicium-Oxid. Das führt neben herstellungstechnischen Vorteilen zu kleineren Transistorstrukturen und damit zu geringeren schädlichen Schaltungskapazitäten. Moderne CMOS-Schaltkreise haben ähnliche Schaltzeiten und Arbeitsgeschwindigkeiten wie die "low power" Schottky-TTL-Schaltkreise (low power = verringerte Leistungsaufnahme). Die Leistungsaufnahme schneller CMOS-Schaltkreise ist erst bei Arbeitsfrequenzen >10 MHz mit der entsprechender TTL-Schaltkreise vergleichbar.

1.6 Grundelemente digitaler Schaltkreise

Unabhängig von der Schaltkreistechnologie werden Grundlemente digitaler Schaltkreise wie Inverter und Gatter durch die in Fig. 1.27 dargestellten Schaltzeichen symbolisiert:

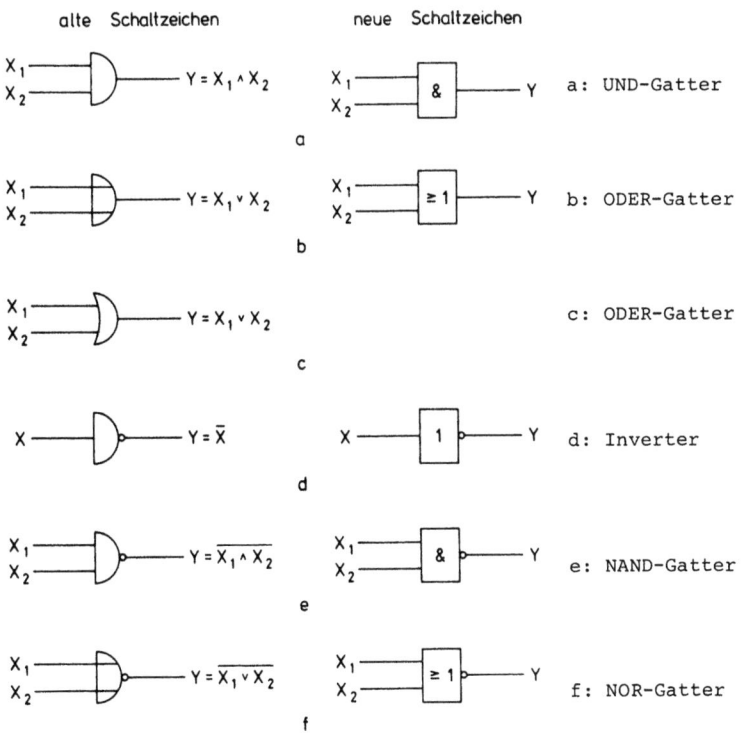

Fig. 1.27: Zusammenstellung von Schaltzeichen

NAND- und NOR-Gatter sind die wichtigsten Grundelemente der Digitaltechnik. Grundsätzlich könnte man mit NAND-Gattern oder NOR-Gattern alle logischen Funktionen realisieren. Mit NAND-Gattern läßt sich ein NOR-Gatter nachbilden und umgekehrt. Für ein NAND-Gatter gilt: $X_1 \wedge X_2 = \bar{Y}$. Nach <u>De Morgan</u> ist:
$\overline{X_1 \wedge X_2} = \bar{X}_1 \vee \bar{X}_2 = Y$. Das bedeutet: Falls ein Gatter-Eingang im L-Zustand ist, ist der Gatter-Ausgang im H-Zustand. Invertiert man die beiden Eingangsgrößen X_1 und X_2, so erhält man ein ODER-Gatter und mit einem weiteren nachgeschalteten Inverter ein NOR-Gatter (Fig. 1.28).

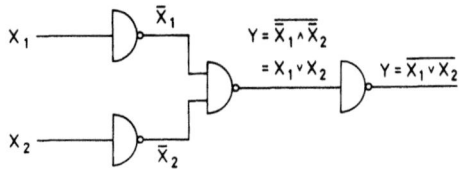

Fig. 1.28: Ein NOR-Gatter kann aus 3 Invertern und einem NAND-Gatter gebildet werden

Inverter können auch durch NAND-Gatter realisiert werden, indem entweder alle Eingänge gemäß Fig. 1.29 miteinander verbunden werden, so daß wegen $X_1 = X_2 = X$ gilt: $X_1 \wedge X_2 = X \wedge X = X = \bar{Y}$

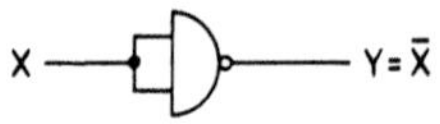

$$X \longrightarrow \text{NAND} \longrightarrow Y = \bar{X}$$

Fig. 1.29: Realisierung eines Inverters durch ein NAND-Gatter, dessen Eingänge miteinander verbunden sind

Eine weitere Möglichkeit ist, alle Eingänge bis auf den Invertereingang gemäß Fig. 1.30 an U_H zu legen. Mit $X_2 = H = "1"$ gilt: $X_1 \wedge 1 = X_1 = \bar{Y}$.

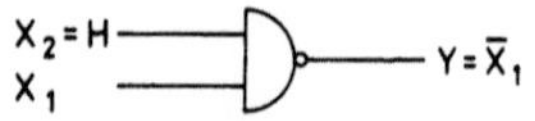

$$\begin{array}{l} X_2 = H \\ X_1 \end{array} \longrightarrow \text{NAND} \longrightarrow Y = \bar{X}_1$$

Fig. 1.30: Realisierung eines Inverters durch ein NAND-Gatter, bei dem ein Eingang an U_H liegt

Somit läßt sich ein 2-fach NOR-Gatter durch vier 2-fach NAND-Gatter nachbilden. Ebenso läßt sich ein NAND-Gatter durch vier NOR-Gatter nachbilden.

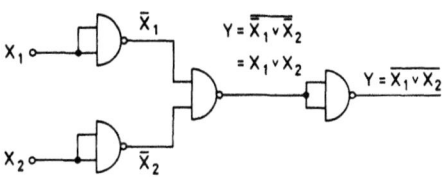

Fig. 1.31: Nachbildung eines 2-fach NOR-Gatters durch vier 2-fach NAND-Gatter

Ähnlich wie mit NAND-Gattern sind auch mit NOR-Gattern Inverter realisierbar, indem gemäß Fig. 1.32 alle Eingänge miteinander verbunden werden. Wegen $X_1=X_2=X$ gilt: $X_1 \vee X_2 = X \vee X = X = \bar{Y}$

Fig. 1.32: Realisierung eines Inverters mittels eines NOR-Gatters

Legt man die unbenutzten Eingänge eines NOR-Gatters gemäß Fig. 1.33 an U_L, so erhält man wegen $X_2 = L = "0"$ und $X_1 \vee 0 = X_1 = \bar{Y}$ ebenfalls einen Inverter

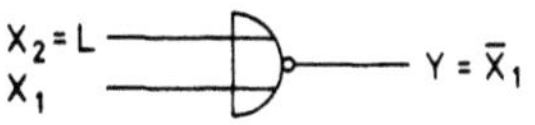

$$X_2 = L \longrightarrow \quad X_1 \longrightarrow \quad Y = \bar{X}_1$$

Fig. 1.33 Eine Realisierung eines Inverters durch ein NOR-Gatter bei dem ein Eingang an U_L liegt

Obwohl man also mit einer Gatter-Art die andere ersetzen kann, werden aus Gründen der Schaltungsvereinfachung beide Arten eingesetzt, und zwar so, daß die Anzahl der zum Aufbau einer Digitalschaltung erforderlichen Grundelemente möglichst klein ist.

1.7 Einfache digitale Rechenschaltkreise

1.7.1 Das binäre Zahlensystem

Am Beispiel algebraischer Rechenoperationen soll gezeigt werden, wie logische Verknüpfungen schaltungstechnisch realisierbar sind.

Wie schon in Abschn. 1.1 beschrieben, ist das Binärsystem ein Stellenwertsystem, das auf der Zahlendarstellung als Summe von Potenzen der Basis 2 beruht. So wird z.B. die dekadische 11 als Potenzsumme von 2 dargestellt durch

$$11_{10} = 8+2+1 = \underline{1}\cdot 2^3 + \underline{0}\cdot 2^2 + \underline{1}\cdot 2^1 + \underline{1}\cdot 2^0 = 1011_2 \ .$$

Im binären Stellenwertsystem hat die am weitesten rechts stehende Ziffer die Wertigkeit 2^0 und jede weiter links stehende Ziffer einen um den Faktor 2 höheren Stellenwert. Die dekadische Zahl 11 ist daher äquivalent der Binärzahl 1011. In der Informatik wird eine Stelle als "Bit" (binary digit) bezeichnet. Man nennt die Binärstelle mit dem kleinsten Wert "last significant bit" - kurz LSB - und die höchstwertige Stelle "most significant bit" - kurz MSB.

Die Umwandlung einer Dezimalzahl in eine Binärzahl ist durch fortgesetzte Division der gegebenen Dezimalzahl durch 2 zu erhalten. Die bei den Quotientenbildungen auftretenden Reste $R_0,\ldots,R_n$ haben die Werte 0 oder 1. Der bei der Division der gegebenen Zahl zuerst auftretende Rest R_0 stellt das LSB der Binärzahl dar und der bei der Divisionsfolge zuletzt auftretende Quotient mit dem Wert 1 das MSB.
Beispiel: Gegeben sei die Dezimalzahl 1984. Die Reste R_0 bis R_9, die bei der Divisionsfolge auftreten, sowie der letzte ganzzahlige Quotient ergeben die gesuchte Binärzahl.

1984:2=922 R_0=0 , LSB=R_0
922:2=496 R_1=0
496:2=248 R_2=0
248:2=124 R_3=0
124:2= 62 R_4=0
 62:2= 31 R_5=0
 31:2= 15 R_6=1
 15:2= 7 R_7=1
  7:2= 3 R_8=1
  3:2= 1 R_9=1 , MSB=letzter Quotient=1

Ergebnis: 1984_{10} = 111 1100 0000_2

Wie das Ergebnis zeigt, führt die Binärdarstellung größerer Dezimalzahlen auf ziemlich unübersichtliche Folgen von Nullen und Einsen. Aus diesem Grunde faßt man längere Binärzahlen zu Gruppen von vier Bit zusammen, beginnend mit dem LSB. Eine Vierergruppe heißt "Tetrade". Tabelle 1.7.1 enthält die Tetraden der binären Zahlenwerte der Dezimalzahlen von 0 bis 15.

Dezimal	Binär	Hexadezimal
0	0000	0
1	0001	1
2	0010	2
3	0011	3
4	0100	4
5	0101	5
6	0110	6
7	0111	7
8	1000	8
9	1001	9
10	1010	A
11	1011	B
12	1100	C
13	1101	D
14	1110	E
15	1111	F

Tabelle 1.7.1

Da mit einer Tetrade $2^4=16$ Zahlenwerte darstellbar sind, ist
es naheliegend, die 16 Zahlen durch 16 verschiedene Symbole
zu beschreiben, d.h. zu einem Zahlensystem mit der Basis 16,
einem <u>Hexadezimalsystem</u>, überzugehen. Man beschreibt die
Tetraden 0000 bis 1001 durch die Ziffern 0...9 und die Tetraden
$1010 = 10_{10}$ bis $1111 = 15_{10}$ durch die Buchstaben A...F.
Die Hexadezimaldarstellung der Zahl 1984 ergibt z.B.:
1984_{10} = 0111 1100 0000_2 = $7C0_{16}$.
Wendet man zur Umwandlung einer Dezimalzahl in eine Hexadezimalzahl das Verfahren der fortgesetzten Division durch 16 an, so
stellen die Folge der Reste und der letzte ganzzahlige Quotient
die gesuchte Hexadezimalzahl dar.
Beispiel:
1984 : 16 = 124 R_0=0 , R_0 = niedrigste Hexadezimal-Stelle
 124 : 16 =   7 R_1=12, letzter ganzzahliger Quotient =
                   höchste Stelle = 7
Das hexadezimale Äquivalent von $R_1 = 12_{10}$ ist C, so daß das
Ergebnis der Umwandlung $1984_{10} = 7C0_{16}$ ergibt. Anhand der Tabelle
1.7.1 kann die Hexadezimalzahl leicht in ihr binäres Äquivalent
umgeformt werden (man vereinfacht sich derartige Umwandlungen
durch Benutzung solcher Tabellen).
Nach diesen Vorbemerkungen zum binären Zahlensystem wollen wir
einige einfache binäre Rechenoperationen mit digitalen Schalt-
elementen nachbilden.

1.7.2 Komparatoren

Als erstes sei die Aufgabe gestellt, zwei einstellige Binärzahlen
A und B (je ein Bit) miteinander zu vergleichen. Gesucht ist eine
Schaltung, die signalisiert, ob die Werte gleich oder ungleich
sind. In Tabelle 1.7.2 sind alle möglichen Kombinationen der Werte
von A und B aufgelistet. Die Schaltung - <u>Komparator</u> genannt -
soll ein Ausgangssignal Y erzeugen, welches bei Gleichheit von
A und B den Zustand H $\triangleq$"1" und bei Ungleichheit den Zustand
L $\triangleq$"0" annimmt.

B	A	Y	Ȳ
0	0	1	0
0	1	0	1
1	0	0	1
1	1	1	0

Tabelle 1.7.2

Der Komparatorausgang Y ist also "1", wenn der Eingangszustand A=B=0 oder A=B=1 vorliegt, d.h. falls $\bar{A}$ UND $\bar{B}$ ODER A UND B gilt. In Gleichungsform $Y=(\bar{A} \wedge \bar{B}) \vee (A \wedge B)$. Diese Relation heißt "Äquivalenzfunktion"; die inverse Funktion Ȳ "Antivalenzfunktion".
Die Äquivalenzfunktion besteht aus zwei UND-Termen $\bar{A} \wedge \bar{B}$ und $A \wedge B$, die durch eine ODER-Verknüpfung verbunden sind. Diese logische Verknüpfung läßt sich mit zwei UND- und einem ODER-Gatter in eine Digitalschaltung umsetzen, wenn man aus den gegebenen Werten A und B durch Inverter auch die Größen $\bar{A}$ und $\bar{B}$ bildet (Fig. 1.34):

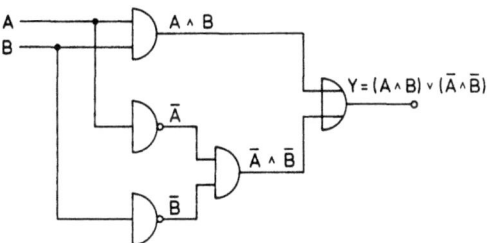

Fig. 1.34: Aufbau eines Komparators (Vergleichers) aus 2 UND- und einem ODER-Gatter, sowie 2 Invertern

Zum Vergleich mehrstelliger Binärzahlen muß für jedes Bit-Paar ein solcher Komparator vorhanden sein. Bei Gleichheit der beiden mehrstelligen Zahlen müssen die Ausgänge aller Komparatoren "1" sein, was durch ein UND-Gatter mit mehreren Eingängen festgestellt werden kann.

Wenn der Komparator um beliebig viele Stellen erweiterbar sein soll, kann man statt des UND-Gatters mit mehreren Eingängen mehrere 2fach UND-Gatter "in Kaskade" schalten (Fig. 1.35). Dabei wird jeweils eine UND-Verknüpfung eines Komparatorausganges Y_n mit dem Vergleichsergebnis aller geringerwertigen Bits Y_{n-1} bis Y_0 gebildet.

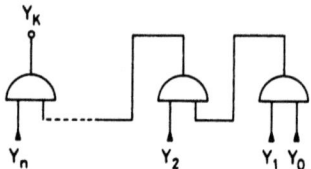

Fig. 1.35 Erweiterung eines einstelligen Komparators auf mehrere Stellen durch Benutzung mehrerer 2-fach UND-Gatter in Kaskade

Die direkte (sozusagen wörtliche) Umsetzung einer gegebenen logischen Funktion in eine entsprechende Digitalschaltung (wie in Fig. 1.34) stellt nicht immer die beste schaltungstechnische Realisierungsmöglichkeit dar. Im vorliegenden Beispiel des Komparators wurden unterschiedliche Schaltelemente wie Inverter, UND- und ODER-Gatter verwendet, was schaltungstechnisch u.U. ungünstig ist. Wir wollen versuchen, die Äquivalenzfunktion mit einer einzigen Gatter-Art z.B. mit NAND-Gattern zu realisieren. Zunächst formen wir die Gleichung $Y = (A \wedge B) \vee (\bar{A} \wedge \bar{B})$ unter wiederholter Anwendung des De Morganschen Gesetzes so um, daß wir Ausdrücke der Form $\overline{X_1 \wedge X_2}$ also X_1 NAND X_2 erhalten.

Das Inverse von Y ist:

$\bar{Y} = \overline{(A \wedge B) \vee (\bar{A} \wedge \bar{B})} = \overline{(A \wedge B)} \wedge \overline{(\bar{A} \wedge \bar{B})} = \overline{(A \wedge B)} \wedge (\bar{\bar{A}} \vee \bar{\bar{B}}) = \overline{(A \wedge B)} \wedge (A \vee B)$. Also mit
$Y_1 = \overline{A \wedge B}$ = A NAND B,
$\bar{Y} = (Y_1 \wedge A) \vee (Y_1 \wedge B)$.
Ferner ist
$Y = \bar{\bar{Y}} = \overline{\overline{(Y_1 \wedge A)} \vee \overline{(Y_1 \wedge B)}} = \overline{(Y_1 \wedge A)} \wedge \overline{(Y_1 \wedge B)}$
Mit $Y_2 = \overline{Y_1 \wedge A}$ = Y_1 NAND A und $Y_3 = \overline{Y_1 \wedge B}$ = Y_1 NAND B ist
$Y = Y_2 \wedge Y_3$ und schließlich
$\bar{Y} = \overline{Y_2 \wedge Y_3}$ = Y_2 NAND Y_3 = Y_4 .

Das Inverse der Äquivalenzfunktion, die Antivalenzfunktion $\bar{Y}$ ist demnach mit vier NAND-Gattern gemäß Fig. 1.36a zu realisieren

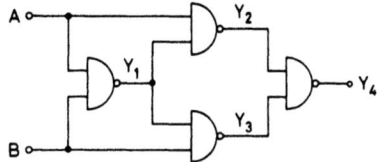

Fig. 1.36a: Realisierung der Antivalenzfunktion durch 4 NAND-Gatter

Wie ein Vergleich der Antivalenzfunktion (S. 39) mit der ODER-Funktion (S. 11) zeigt, unterscheiden sich beide nur dadurch, daß die ODER-Funktion im Falle A = B="1" den Wert Y="1" hat, die Antivalenzfunktion dagegen den Wert Y="0". Wegen dieser Beziehung heißt die Antivalenzfunktion auch "Exklusiv-ODER-Funktion". Wegen ihrer Bedeutung in der Digitaltechnik wird die Exklusiv-ODER-Funktion, die nur dann den Wert "1" annimmt, wenn die beiden Eingangsgrößen ungleich sind $Y=(A \wedge \bar{B}) \vee (\bar{A} \wedge B)$ kurz durch $Y = A \vee B$ (oder auch $Y = A \oplus B$) dargestellt. Für "Exklusiv-ODER-Gatter" ist das Schaltsymbol gemäß Fig. 1.36b gebräuchlich.

Ein Exklusiv-ODER-Gatter findet nicht nur als Komparator Verwendung, sondern auch als ein- und ausschaltbarer Inverter. Das Eingangssignal A tritt nur dann am Ausgang Y invertiert auf, wenn der Eingang B="1"=H ist:
$Y = A \forall B = (A \wedge \bar{B}) \vee (\bar{A} \wedge B) = (\bar{A} \wedge 0) \vee (\bar{A} \wedge 1)$
$= 0 \vee \bar{A} = \bar{A}$.

Im Falle B = "0" = L erscheint A nicht invertiert am Ausgang Y:
$Y = A \forall B = (A \wedge 1) \vee (\bar{A} \wedge 0) = A$.

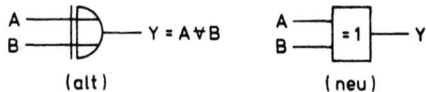

Fig. 1.36b: Schaltsymbol für ein "Exklusiv-ODER-Gatter"

1.7.3 Addierer

Die wichtigste elementare Rechenoperation, die sich mit digitalen Schaltkreisen durchführen läßt, ist die algebraische Addition zweier Binärzahlen. Mit den bisher besprochenen Schaltkreisen ist die Addition zweier einstelliger Binärzahlen leicht realisierbar. In Tab. 1.7.3a sind die Ergebnisse der Addition der einstelligen Binärzahlen A und B dargestellt. Die Summe S=A+B kann 0, $1=2^0$ oder $2=2^1=10_2$ sein. Dementsprechend ist der Addierer eine Schaltung mit zwei Eingängen für die Summanden A und B, einem Ausgang für die Binärstelle 2^0 (Summenausgang S) und einem weiteren Ausgang für die Stelle 2^1 (Übertragsausgang U).

B	A	U	S
0	0	0	0
0	1	0	1
1	0	0	1
1	1	1	0

Tabelle 1.7.3a

Wie aus Tabelle 1.7.3a ersichtlich, ist $S=(A \wedge \bar{B}) \vee (\bar{A} \wedge B) = A \veebar B$.
S ist identisch mit der Antivalenz- bzw. Exklusiv-ODER-Funktion.
Für den Übertrag U entnimmt man der Tabelle $U=A \wedge B$. U ist identisch mit der UND-Funktion. Das mit NAND-Gattern aufgebaute Exklusiv-ODER-Gatter (Fig. 1.37) liefert einmal die Größe $S=Y_4$ und außerdem $Y_1=\overline{A \wedge B}$. Invertiert man Y_1, so erhält man den Übertrag $U=A \wedge B=\overline{Y_1}$.

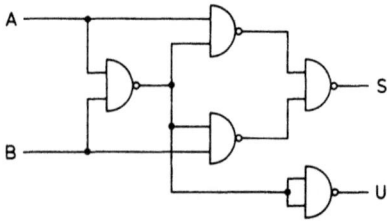

Fig. 1.37: Schaltbild eines Halbaddierers (mit nur 2 Eingängen), aufgebaut mit NAND-Gattern

Fig. 1.37 zeigt die komplette Schaltung eines mit NAND-Gattern aufgebauten "Halbaddierers". Ein Halbaddierer hat nur zwei Summandeneingänge; ein "Volladdierer" außerdem noch einen Übertragseingang C. Volladdierer benötigt man zur Addition zweier mehrstelliger Binärzahlen. Bei der bitweisen Addition gleichwertiger Binärstellen muß gegebenenfalls noch der Übertrag einer vorhergehenden geringerwertigen Stelle hinzuaddiert werden.

Beispiel: 6 = 0110 = A
            7 = 0111 = B
            1100 = Übertrag C
           13 = 1101 = Summe S

In Tab. 1.7.3b sind die Schaltzustände eines Volladdierers mit den Summandeneingängen A und B, dem Übertragseingang C sowie dem Summenausgang S_V und dem Übertragsausgang U_V dargestellt.

a) Fall C=0

B	A	C	U_V	S_V
0	0	0	0	0
0	1	0	0	1
1	0	0	0	1
1	1	0	1	0

b) Fall C=1

B	A	C	U_V	S_V
0	0	1	0	1
0	1	1	1	0
1	0	1	1	0
1	1	1	1	1

Tab. 1.7.3b

Im Fall C=0 sind die Ausgangsfunktionen U_V und S_V identisch mit denen des Halbaddierers: $S_V=S_H$ und $U_V=U_H$.
Falls C=1 ist, gilt $U_V=A \vee B$ und $S_V=\bar{S}_H$.

Für S_V gilt also $S_V=S_H=A \veebar B$, falls C=0 ODER $S_V=\bar{S}_H$, falls C=1.
Beide Fälle können in einer Gleichung vereinigt werden:

(1.7) $S_V = (\bar{C} \wedge S_H) \vee (C \wedge \bar{S}_H) = C \veebar S_H$.

Auch die Beziehungen für U können zu einer einzigen zusammengefaßt werden

(1.8) $U_V = (\bar{C} \wedge A \wedge B) \vee C \wedge ((A \wedge \bar{B}) \vee (\bar{A} \wedge B) \vee (A \wedge B))$, wie ein Blick auf Tab. 1.7.3b lehrt. Diese Gleichung kann wie folgt umgeformt werden:

$$U_V = A \wedge B \wedge (\bar{C} \vee C) \vee C \wedge ((\bar{A} \wedge B) \vee (A \wedge \bar{B})) \ .$$

Nun ist $\bar{C} \vee C = 1$ und $(\bar{A} \wedge B) \vee (A \wedge \bar{B}) = A \veebar B = S_H$, also auch

$$U_V = (A \wedge B) \vee (C \wedge S_H) \ .$$

Ferner ist $A \wedge B = U_H$, so daß schließlich gilt:

(1.9) $\qquad U_V = U_H \vee (C \wedge S_H) \ .$

Die Funktionen S_V (Gl.(1.7) und U_V (Gl. (1.9)) lassen sich mit einer Schaltung gemäß Fig. 1.38 realisieren. Mittels des Halbaddierers HA1 werden aus A und B die Größen $S_{H1} = S_H$ und $U_{H1} = U_H$ gebildet. Der 2. Halbaddierer HA2 bildet die Endsumme $S_V = C \veebar S_H = C \veebar S_{H1}$ und den Übertrag $U_{H2} = C \wedge S_{H1}$. Schließlich bildet das ODER-Gatter den End-Übertrag $U_V = U_{H1} \vee U_{H2}$, womit die Aufgabe des Volladdierers erfüllt ist.

Nun gilt nach <u>De Morgan</u>

(1.10) $\qquad U_V = U_{H1} \vee U_{H2} = \overline{\bar{U}_{H1} \wedge \bar{U}_{H2}} = \bar{U}_{H1}$ NAND $\bar{U}_{H2}$,

so daß ein Volladdierer unter ausschließlicher Verwendung von NAND-Gattern aufgebaut werden kann. Fig. 1.39 zeigt die entsprechende Schaltung, die gemäß der Anordnung 1.38 eine Erweiterung des Schaltkreises 1.37 darstellt. Durch Kaskadierung mehrerer Volladdierer (VA) lassen sich mehrstellige Binärzahlen A und B addieren (Fig. 1.40).

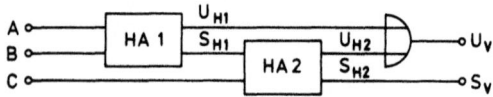

Fig. 1.38: Schaltbild eines Volladdierers aufgebaut aus 2 Halbaddierern und einem ODER-Gatter

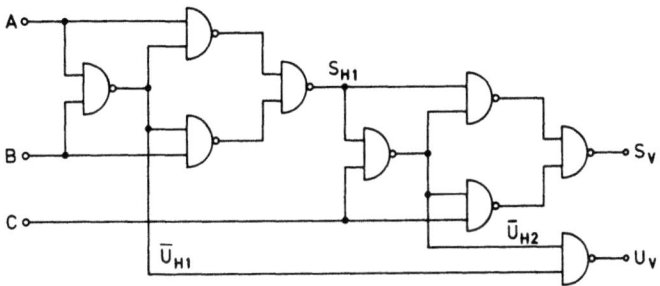

Fig. 1.39: Aufbau eines Volladdierers unter ausschließlicher Verwendung von NAND-Gattern

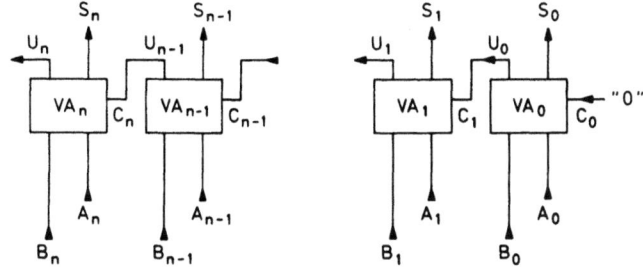

Fig. 1.40: Addierer für mehrstellige Binärzahlen bestehend aus mehreren in Kaskade geschalteten Volladdierern

1.7.4 Subtrahierer

Die Differenz zweier Binärzahlen A-B=D kann als Summe A+(-B)=D geschrieben werden, so daß schaltungstechnisch die Differenzbildung auf die Addition einer positiven und einer negativen Zahl zurückgeführt werden kann. Im Binärsystem stellt man eine negative Zahl durch das "Zweierkomplement" dar.

Bildet man von einer n-stelligen Binärzahl B durch bitweises Invertieren das "Einerkomplement" $\bar{B}$ und summiert $B+\bar{B}=S$, so ist das Resultat S stets 2^n-1.

Beispiel: Gegeben sei die vierstellige Binärzahl B=1100.
Das Einerkomplement ist $\bar{B}$=0011.
Die Summe B=1100
          +$\bar{B}$=<u>0011</u>
           S=1111
ist eine vierstellige Zahl mit lauter Einsen. Nun ist
$1111 = 10000 - 1 = 2^4 - 1$.
Aus $B + \bar{B} = 2^n - 1$ folgt $\bar{B} + 1 = 2^n - B$.

In Worten: Eine n-stellige negative Binärzahl -B plus 2^n, d.h. mit einer 1 in der (n+1)ten Binärstelle ist äquivalent dem "Zweierkomplement" $\bar{B}+1$ (im Beispiel ist $\bar{B}+1$=0100). Bei der Zweierkomplementdarstellung einer n-stelligen Binärzahl wird die (n+1)te Stelle als Vorzeichenbit interpretiert: Eine Eins in der (n+1)ten Stelle kennzeichnet eine negative Zahl, eine Null eine positive. Wenn man generell mit vorzeichenbehafteten Binärzahlen arbeitet, wird das höchste Bit für das Vorzeichen reserviert. Die Bildung der Differenz D=A-B zweier n-stelliger Binärzahlen A und B kann damit auf die Addition $D = A + \bar{B} + 1 - 2^n$ zurückgeführt werden, wobei der letzte Term -2^n besagt, daß eine 1 in der (n+1)ten Stelle zu subtrahieren ist. Auch die Subtraktion kann wieder durch Addition des Zweierkomplements ersetzt werden. Es ist 2^n eine 1 mit n Nullen:
<u>2^n</u>=1 00..0 . Das Einerkomplement ist
<u>$\overline{2^n}$</u>=0 11..1 . Für das Zweierkomplement erhält man:
$\overline{2^n}+1$=1 00..0
     ↑—(n+1)te Stelle

Die Subtraktion -2^n ist also der Addition einer 1 in der (n+1)ten Stelle äquivalent, wobei die 1 in der (n+2)ten Stelle unberücksichtigt bleiben kann. Diese Addition wiederum bewirkt wegen $1 + \underline{1} = 10_2$ oder $1 + \underline{0} = \underline{1}$ schließlich eine Invertierung des Bits in der (n+1)ten Stelle.

Dazu folgende Beispiele:
Es soll die Differenz D=A-B mit
$A = 12_{10} = 1100_2$ und
$B = 5_{10} = 0101_2$ in Zweierkomplementdarstellung gebildet werden.
Das Zweierkomplement von B ist

$\bar{B}+1 = 1010 + 1 = 1011$. Die Summe $A+\bar{B}+1$ ist um 2^n größer als die gesuchte Differenz D:

$\quad A \phantom{+\bar{B}} = 1100$
$\quad \bar{B}+1 = \underline{1011}$
$A+\bar{B}+1 = 10111$
$\qquad\quad\ \ \llcorner$(n+1)te Stelle = 2^n.

Um die Differenz D zu erhalten, ist von der (n+1)ten Stelle der Summe $A+\bar{B}+1$ noch eine 1 zu subtrahieren, was gleichbedeutend mit einer Invertierung dieser Stelle ist. Damit steht also eine Null in der (n+1)ten Stelle, was besagt, daß das Ergebnis positiv ist:
$D = 0\ 0111 = 7_{10}$

Die Differenz $D=A-B$ mit $A=5_{10}$ und $B=12_{10}$ ergibt ein negatives Ergebnis:
Es ist $A=0101$ und $B=1100$; $\bar{B}=0011$, $\bar{B}+1=0100$
Die Differenz ergibt:

$\quad A \phantom{+\bar{B}} = 0101$
$\quad \bar{B}+1 = \underline{0100}$
$A+\bar{B}+1 = 01001$
$\qquad\quad\ \ \llcorner$(n+1)te Stelle

Nach Invertierung der (n+1)ten Stelle steht dort eine 1. Dies Vorzeichenbit drückt aus, daß das Ergebnis negativ ist. Bildet man das Zweierkomplement einer negativen Zahl, so erhält man ihre positive Darstellung. Im letzten Beispiel ist die Differenz D negativ:
$-D = 1001$
$\bar{D} = 0110$
$\bar{D}+1 = 0111=7_{10}$

Die Bildung der Differenz $D=A-B$ durch Addition des Zweierkomplements $D=A+\bar{B}+1-2^n$ ist schaltungstechnisch mit Volladdierern realisierbar. Dazu wird zunächst die negative Zahl $-B=\bar{B}+1$ durch bitweises Invertieren der gegebenen Zahl B und Addition einer Eins (durch eine logische Eins am Übertragungseingang C_0 des ersten Volladdierers) gewonnen. Die so erhaltene Zahl $-B$ wird in bekannter Weise zur gegebenen Zahl A addiert (Fig. 1.41). Der Übertragungsausgang der letzten Stufe beschreibt das Vorzeichen des Resultats. Es ist zu beachten, daß noch 2^n abzuziehen ist, was einer Invertierung des Vorzeichenbits gleichkommt.

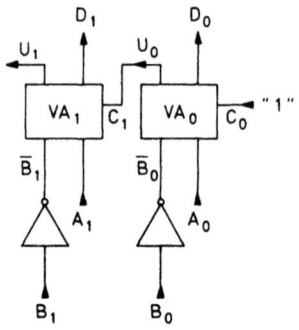

Fig. 1.41:
Bildung der Differenz zweier
mehrstelliger Binärzahlen A und
B mit Volladdierern

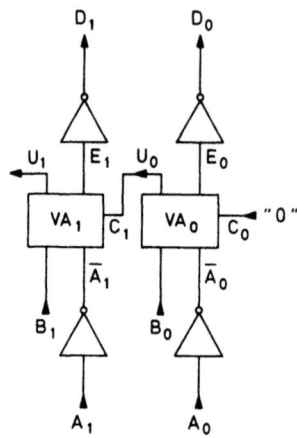

Fig. 1.42:
Eine weitere Möglichkeit, die
Differenz zweier Binärzahlen
zu bilden (s. Text)

Es gibt noch eine weitere Möglichkeit, die Differenz D=A-B zu bilden. Das Komplement von A ist $\bar{A}=2^n-1-A$.
Die Addition $\bar{A}+B$ ergibt:
$\bar{A} + B = E = 2^n - 1 - A + B$.

Das Komplement von E ergibt die gesuchte Differenz:
$\bar{E} = 2^n - 1 - E = 2^n - 1 - (2^n - 1 - A + B)$
$\bar{E} = A - B = D$

Beispiel: Es sei $A = 13_{10} = 1101$ und $B = 6_{10} = 0110$.
Die Differenz $D = A - B$ ergibt

$\bar{A}$ = 0010
+B = 0110
E = 01000

Vorzeichenbit = 0: Ergebnis positiv
$\bar{E}$ = 0111 = 7_{10}

Die schaltungstechnische Realisierung der Differenzbildung
$D = A - B = \overline{\bar{A} + B}$ zeigt Fig. 1.42.

2 Digitale Datenverarbeitung

2.1 Enkoder und Dekoder

Enkoder sind Schaltkreise, die mittels einer bestimmten Vorschrift (dem "Code") den diskreten Eingangsgrößen bestimmte digitale Ausgangsgrößen zuordnen. Enkoder werden z.B. in digitalen Datenverarbeitungsanlagen benötigt, um von Hand eingegebene Ziffern und Daten in maschinengerechte Zeichen umzuformen. So können z.B. die Ziffern einer Eingabe-Zehnertastatur mittels Enkoder in die ihnen entsprechenden Ziffern des binären Zahlensystems umgesetzt werden.

Wir benutzen hier - dem allgemeinen Brauch folgend - das Wort Code sowohl als Bezeichnung für die Vorschrift, mit der die Ziffernfolge eines Systems in diejenige eines anderen Systems umgewandelt wird (dezimal → binär), als auch für das Ergebnis einer solchen Wandlung: eine Binärzahl ist eine Zahl im Binärcode, die Zahl ist binär-codiert.

Im folgenden **Beispiel** seien 9 Tastenschalter X_1 bis X_9 als Eingabetasten für die Ziffern 1 bis 9 so geschaltet, daß sie im Ruhezustand ("aus") eine "0" und bei Betätigung ("ein") eine "1" an den zugeordneten Enkodereingang abgeben. An den vier Enkoderausgängen $A \triangleq 2^0$, $B \triangleq 2^1$, $C \triangleq 2^2$ und $D \triangleq 2^3$ soll das binäre Äquivalent des eingeschalteten Tastenwertes X_n entstehen. Den Zeilen 2 bis 10 der Tabelle 1.7.1 entnimmt man, daß z.B. D = "1" auftritt, falls X_8 ODER X_9; insgesamt gilt

$$(2.1) \quad \begin{aligned} A &= X_1 \quad \vee X_3 \quad \vee X_5 \quad \vee X_7 \quad \vee X_9 \\ B &= \quad X_2 \vee X_3 \quad \vee X_6 \vee X_7 \\ C &= \quad X_4 \vee X_5 \vee X_6 \vee X_7 \\ D &= \quad X_8 \vee X_9 \quad ; \end{aligned}$$

d.h. die Ausgangsgrößen A, B, C, D werden ausschließlich durch ODER-Verknüpfungen (Disjunktionen) aus den Eingangsgrößen X_1 bis

X_9 gewonnen. Demnach kann der Enkoder durch vier ODER-Gatter entsprechend Fig. 2.1 realisiert werden.

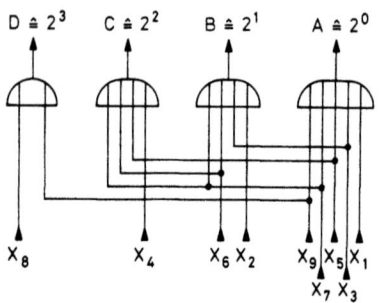

Fig. 2.1: Aus vier ODER-Gattern besteht ein Enkoder, der die Ziffern 1 bis 9 binär kodiert

Das Gleichungssystem der ODER-Verknüpfungen ist absichtlich in einem Matrix-ähnlichen Schema angeordnet, derart, daß gleiche Eingangsvariable untereinander stehen. Diesem Gleichungssystem liegt eine matrixförmige Wahrheitstabelle zugrunde, die sich mit Diodengattern (ODER-Gatter) in eine entsprechende digitale Schaltung übersetzen läßt: Den Eingangs- und Ausgangsvariablen werden zwei zueinander senkrecht verlaufende Leitungssysteme zugeordnet (X-Leitungen und Y-Leitungen), die isoliert voneinander in verschiedenen Ebenen liegen. An den Kreuzungspunkten beider Systeme verbinden Dioden die X- und Y-Leitungen miteinander. Eine solche Schaltung heißt "Diodenmatrix".- Zur Realisierung der ODER-Verknüpfungen müssen die Dioden so gepolt werden, daß positive Signale von den X-Leitungen gemäß der Wahrheitstabelle auf die Y-Leitungen übertragen werden können. Fig. 2.2 zeigt eine Diodenmatrix zur Umwandlung einer dezimalen Eingabe in den binären Ausgangscode gemäß Tab. 1.7.1 (Zeilen 2 bis 10).

Nachdem eine eingegebene Dezimalziffer vom Enkoder in das Binärsystem übersetzt ist, kann eine digitale Rechenschaltung die Binärzahlen verarbeiten.

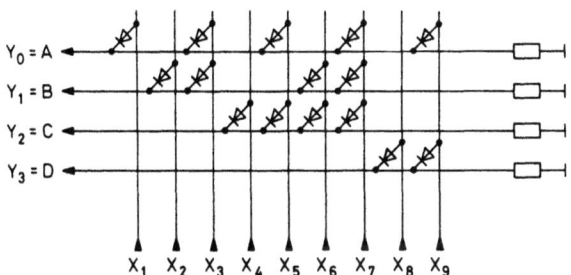

Fig. 2.2: Diodenmatrix zur Umsetzung der Ziffern 1 bis 9 in den Binärcode

Am Ende der Datenverarbeitung sollte das Ergebnis der Rechnung in leicht lesbarer Form dargestellt werden. Die einfachste Möglichkeit, ein binäres Rechenergebnis lesbar zu machen, besteht wohl darin, den Zustand eines jeden Bits durch ein Glühlämpchen oder eine Leuchtdiode anzuzeigen. Dabei bedeutet "Licht an" eine "1" und "Licht aus" eine "0". Dazu ist nur ein Schalttransistor als "Lampentreiber" erforderlich (Fig. 2.3).

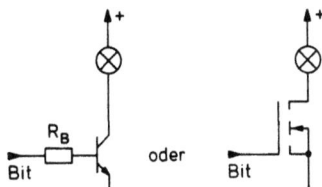

Fig. 2.3: Glühlampen als Anzeige für "1" und "0", gesteuert durch einen Schalttransistor

Dieses Verfahren ist bei großen Zahlenwerten nur dann zumutbar, wenn das Ergebnis in Form einer Dezimalzahl vorliegt, bei der jede Ziffer durch eine Binärzahl mit vier Lämpchen dargestellt wird. Man nennt dies eine "BCD (Binary Coded Decimal)-Darstellung". In Fig. 2.4 ist die Dezimalzahl 1984 mit einem Lampendisplay im BCD-Code dargestellt.

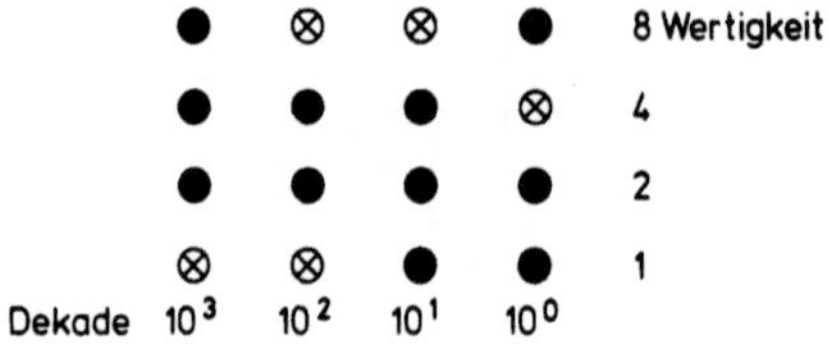

```
       ●   ⊗   ⊗   ●    8 Wertigkeit
       ●   ●   ●   ⊗    4
       ●   ●   ●   ●    2
       ⊗   ⊗   ●   ●    1
Dekade 10³ 10² 10¹ 10⁰
```

Fig. 2.4: Binary-Coded-Decimal-Anzeige mittels Lampen.
Dargestellt ist die Zahl 1984

Die Ablesung einer BCD-Darstellung setzt einige Übung voraus.
Es ist daher anzustreben, die Binärzahl möglichst wieder in ihr
dezimales Äquivalent umzuwandeln und als Dezimalzahl darzustellen.
Zur Umwandlung und speziell zur Umwandlung einer binär codierten Information in ein leicht lesbares Zeichen dienen <u>Dekoder</u>.
Hier ist der 4-Bit BCD-Code in eine "1 aus 10 Information"
umzuformen. Der Zusammenhang zwischen den Eingangsvariablen $A \triangleq 2^0$
bis $D \triangleq 2^3$ und den Ausgangsvariablen Y_1 bis Y_9 entsprechend den
Ziffern 1 bis 9 ergibt sich aus Tabelle 2.1

Ziffer (Y_n)	Binärzahl	Komplement	Ausgang (Y_n="1")
	D C B A	$\bar{D}\ \bar{C}\ \bar{B}\ \bar{A}$	
0	0 0 0 0	1 1 1 1	$Y_0 = \bar{D} \wedge \bar{C} \wedge \bar{B} \wedge \bar{A}$
1	0 0 0 1	1 1 1 0	$Y_1 = \bar{D} \wedge \bar{C} \wedge \bar{B} \wedge A$
2	0 0 1 0	1 1 0 1	$Y_2 = \bar{D} \wedge \bar{C} \wedge B \wedge \bar{A}$
3	0 0 1 1	1 1 0 0	$Y_3 = \bar{D} \wedge \bar{C} \wedge B \wedge A$
.	.	.	. .
.	.	.	. .
9	1 0 0 1	0 1 1 0	$Y_9 = D \wedge \bar{C} \wedge \bar{B} \wedge A$

Tab. 2.1

Die Ausgangsvariablen Y_n sind ausschließlich durch UND-Verknüpfungen mit den Eingangsvariablen verbunden. Zur Dekodierung der
Binärzahl (genauer der BCD-Zahl) sind zunächst vier Inverter
erforderlich, um die Größen $\bar{A}, \bar{B}, \bar{C}, \bar{D}$ zu bilden. Jeder Dezimalziffer
Y_n ist dann gemäß Tab. 2.1 ein 4-fach-UND-Gatter zuzuordnen
(Fig. 2.5).

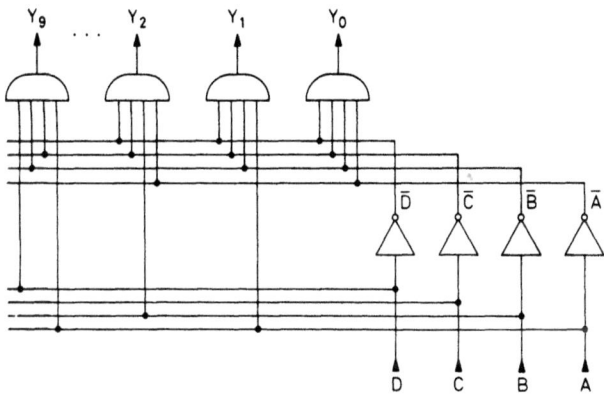

Fig. 2.5: Dekoder zur Umwandlung einer Binär- in eine Dezimalzahl, aufgebaut mit 4-fach-UND-Gattern

Diese durch UND-Verknüpfungen beschriebene Umwandlung läßt sich mit UND-Diodengattern realisieren. Fig. 2.6 zeigt eine Diodenmatrix, deren Ausgangsleitungen nur dann den "1"-Zustand annehmen, wenn alle Eingangsleitungen (sowohl für A,B,C,D als auch $\bar{A},\bar{B},\bar{C},\bar{D}$), die mit einer Ausgangsleitung über Dioden verbunden sind, in den "1"-Zustand gehen. Die Diodenmatrix ist entsprechend der Tabelle 2.1 gebaut, wobei eine "1" in der Tabelle bei der Matrix eine Diodenverbindung bedeutet.

Diodenmatrizen finden nicht nur bei Wandlungen von einem in einen anderen Code Verwendung, sondern können immer dann, wenn die Ausgangsvariablen ausschließlich durch UND- oder ODER-Verknüpfungen mit den Eingangsvariablen zusammenhängen, umfangreiche Gatterschaltkreise ersetzen. Solche Verknüpfungen treten oft bei Maschinensteuerungen auf.

Diodenmatrizen sind auch in Form integrierter Schaltkreise erhältlich, bei denen an allen Matrix-Kreuzungspunkten vom Hersteller Dioden angeordnet sind. Derartig vorbereitete Diodenmatrizen können für jede gewünschte Diodenanordnung "programmiert" werden, indem durch genau spezifizierte Stromimpulse über die X- und Y-Leitungen die nicht benötigten Dioden "weggebrannt" werden.

(In Reihe zu jeder Diode liegt meist eine dünne Cr-Ni-Leiterbahn, die als ausbrennbare "Sicherung" dient). Integrierte programmierbare Diodenmatrizen verfügen eingangs- und ausgangsseitig meist über Inverter und Gatter, die mit üblichen Logikpegeln arbeiten. Sie sind unter der Bezeichnung IFL (Integrated Fuse Logic) oder FPLA (Field Programmable Logic Array) oder PLA im Handel.

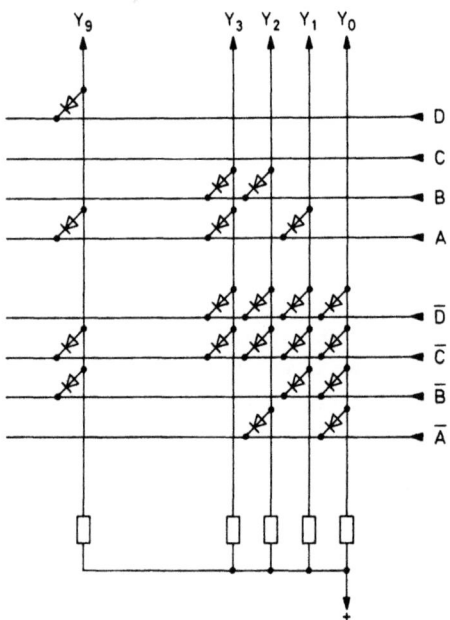

Fig. 2.6: Diodenmatrix zur Umsetzung einer Binärzahl in eine Dezimalzahl (Binär in 1 aus 10-Dekoder)

2.2 Ziffernanzeigen

Mit BCD zu "1 aus 10"-Dekodern lassen sich BCD-Zahlen in lesbarem Klartext darstellen, indem man jedem der 10 Dekoderausgänge ein entsprechendes Zahlensymbol zuordnet, das nur dann sichtbar wird, wenn der entsprechende Dekoderausgang im "1"-Zustand ist. Dieses Verfahren wurde zuerst mit gasgefüllten (Neon-) Glimmröhren realisiert, bei denen 10 Draht-Kathoden in Form der

Ziffernsymbole 0 bis 9 gegenüber einer gemeinsamen Anode angeordnet sind (Fig. 2.7). Jede Kathode ist mit einem Schalttransistor verbunden, der vom entsprechenden Dekoderausgang angesteuert wird. Mit einer "1" an der Basis schaltet der Transistor durch und legt die mit dem Kollektor verbundene Kathode an Nullpotential. Dadurch wird in der Röhre eine Gasentladung gezündet, von der nur die "Kathodenschicht", die die jeweilige Kathode umhüllt, sichtbar ist.

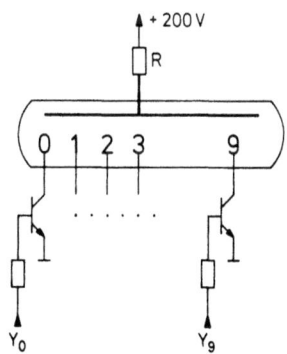

Fig. 2.7: Glimmröhre mit Draht-Kathoden in Ziffernform zur Darstellung von Dezimal-Ziffern

Wegen der erforderlichen hohen Betriebsspannung von ca. 200V sind gasgefüllte Ziffernanzeigeröhren heute weitgehend durch Niederspannungs-Ziffernanzeigen (häufig einfach "Displays" genannt) verdrängt. Dabei werden die Ziffern meist durch 7-Segment-Symbole gemäß Fig. 2.8 dargestellt.

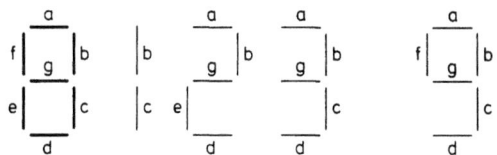

Fig. 2.8: Schema einer 7-Segment-Ziffernanzeige; dargestellt sind die Zahlen 1,2,3 und 9

In den letzten Jahren haben sich zwei sehr unterschiedliche
Verfahren zur Sichtbarmachung der einzelnen Segmente durchgesetzt.
Bei den <u>LED-Anzeigen</u> werden die Segmente mit Leuchtdioden (LED=
Lichtemittierende Diode) sichtbar gemacht. Leuchtdioden werden
aus Gallium-Arsenid-Phosphid (GaAsP) gefertigt. Fließt über den
PN-Übergang einer solchen Diode ein Strom, so wird bei der Rekom-
bination von Elektronen und Löchern aufgrund der großen Energie-
differenz zwischen Valenz- und Leitungsband Energie in Form von
sichtbarem Licht frei. Die Stromaufnahme einer LED beträgt ca.
10 mA, wobei an der Diode eine Spannung von ca. 2 V abfällt. Zur
Strombegrenzung muß in Reihe mit einer LED ein geeignet dimensio-
nierter Widerstand liegen (Fig. 2.9).

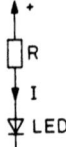

Fig. 2.9: Schaltung einer LED mit
strombegrenzendem Widerstand

Während die selbstleuchtenden LED-Anzeigen einen relativ
großen Strom benötigen, ist zum Betrieb von <u>LCD-Anzeigen</u>, die
allerdings nur bei Fremdlicht ablesbar sind, ein viel geringerer
Strom erforderlich. LCD bedeutet "Liquid Crystal Display", d.h.
Flüssigkristall-Anzeige. Flüssigkristalle sind nichtleitende
organische Flüssigkeiten mit einer geordneten, molekularen, kri-
stallähnlichen Struktur.

Bei einem LCD-Display befindet sich eine ca. 10 μm dicke
Flüssigkristallschicht zwischen zwei Glasplatten, auf die durch-
sichtige, elektrisch leitende Elektroden aufgedampft sind, die
ein 7-Segmentsymbol bilden. Jedes Segment hat eine separate elektrische Zuleitung, so daß zwischen jedem Segment und der Gegenelektrode ein elektrisches Feld aufgebaut werden kann. Die ver-
wendete Flüssigkristallschicht zwischen den Elektroden hat die
Eigenschaft, die Schwingungsebene linear polarisierten Lichtes in
Abhängigkeit von der elektrischen Feldstärke zu drehen. Fig. 2.10
zeigt einen Schnitt durch ein LCD-Anzeigeelement. Bei Flüssig-
kristallanzeigen sind zunächst die Achsen der Flüssigkristall-

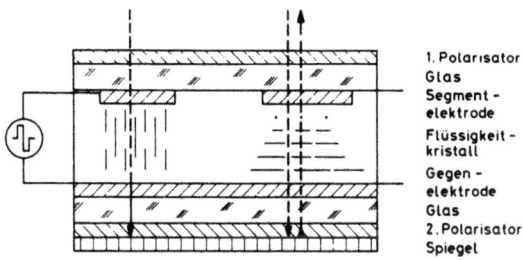

Fig. 2.10: Aufbau eines LCD-Anzeige-Elements und Schema
der Molekülorientierung mit und ohne Spannung
an den Segmentelektroden (s. Text)

moleküle durch die spezielle Struktur der Elektrodenoberfläche
parallel zur Oberflächenstruktur ausgerichtet. Die Moleküllängs-
achsen liegen aber an den einander gegenüberliegenden Elektroden
senkrecht zueinander. Das in den Display einfallende Licht wird
vom Polarisationsfilter 1 (erster Polarisator) linear polarisiert.
Auf dem Weg durch die Flüssigkristallschicht wird die Schwingungsebene des polarisierten Lichtes entsprechend der Drehung der Mo-
leküllängsachsen ebenfalls um $90°$ gedreht. Es kann den senkrecht
zum ersten Polarisator stehenden zweiten Polarisator passieren,
so daß im spannungslosen Zustand das Display lichtdurchlässig ist
(rechter Teil der Fig. 2.10). Bei Anlegen einer eine bestimmte
"Schwellenspannung" überschreitenden Spannung drehen sich die
Molekülachsen in die Feldrichtung hinein (linker Teil der Fig.
2.10). Dadurch wird die Drehung der Polarisationsebene des Lichtes
aufgehoben und das Licht wird von zweiten Polarisator absorbiert:
Im Bereich des elektrischen Feldes ist der Display "dunkel":
dieser Bereich hebt sich vom feldfreien Bereich ab.

Um eine elektrolytische Zersetzung des Flüssigkristalls zu
vermeiden, wird ein LCD-Display nicht mit Gleichspannung betrieben, sondern man schaltet das Feld zwischen den Display-Elektroden
periodisch um. Dazu wird eine symmetrische Rechtechtimpulsfolge
T an die Gegenelektrode des Displays gelegt, die allen sieben
Segmenten gemeinsam ist. Jedes der sieben Segmente ist mit dem
Ausgang eines separaten Exklusiv-ODER-Gatters verbunden, welches

als schaltbarer Inverter - abhängig vom Zustand des Dekoderausgangs - das periodische Rechtecksignal invertiert oder nicht (Fig. 2.11).

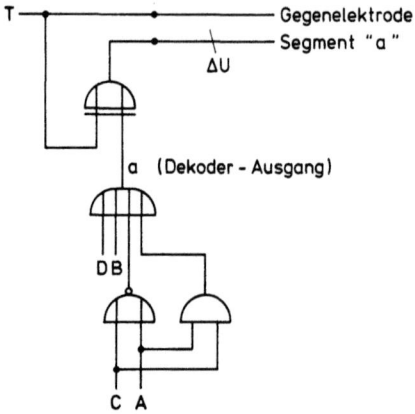

Fig. 2.11: Umpolung der Elektroden eines LCD-Elementes "a" mittels eines Exklusiv-ODER-Gatters durch das Taktsignal T (s. Text)

Falls der Dekoder eine "1" liefert, invertiert das Gatter die Rechteckimpulse, so daß zwischen dem angeschlossenen Segment und der Gegenelektrode ein periodisch umgeschaltetes Potential bzw. elektrisches Feld liegt. Das Segment erscheint dadurch gegenüber dem hellen Untergrund dunkel.- Liefert der Dekoderausgang eine "0", so invertiert das Exklusiv-ODER-Gatter die Eingangsimpulse nicht: Segment und Gegenelektrode haben das gleiche Potential. Zwischen den Elektroden besteht kein Feld, das Segment ist nicht sichtbar.

Zur Zifferndarstellung mit Siebensegment-Anzeigen ist ein Dekoder erforderlich, der den BCD-Code in einen "Siebensegment-Code" umsetzt. So muß z.B. das Segment a bei der Darstellung der Dezimalzahlen 0,2,3,5,6,7,8 und 9 sichtbar werden bzw. bei den Ziffern 1 und 4 unsichtbar bleiben (siehe Fig. 2.8). Die letzte Bedingung lautet mit $1_{10}=Y_1$ und $4_{10}=Y_4$: $\bar{a}=Y_1 \vee Y_4$.

Ausgedrückt durch das binäre Äquivalent der Dezimalziffern 1 und 4 mit $A=2^0$ bis $D=2^3$ (siehe Tabelle 2.1):

$$\bar{a} = (\bar{D} \wedge \bar{C} \wedge \bar{B} \wedge A) \vee (\bar{D} \wedge C \wedge \bar{B} \wedge \bar{A}).$$

Nach <u>Invertierung</u> und <u>Anwendung</u> des <u>De Morgan</u>schen Gesetzes folgt:

(2.2) $\qquad a = \bar{\bar{a}} = \overline{(\bar{D} \wedge \bar{C} \wedge \bar{B} \wedge A)} \wedge \overline{(\bar{D} \wedge C \wedge \bar{B} \wedge \bar{A})}$

$\qquad\qquad\quad = (D \vee C \vee B \vee \bar{A}) \wedge (D \vee \bar{C} \vee B \vee A).$

Durch Anwendung des distributiven Gesetzes (Gl.(1.3)) und der Relationen $A \wedge \bar{A} = 0$, $D \wedge D = D$ und $B \wedge B = B$ (Tabelle 1.2) findet man $a = D \vee B \vee (C \wedge A) \vee (\bar{C} \wedge \bar{A})$, und mit $\bar{C} \wedge \bar{A} = \overline{C \vee A}$ schließlich

(2.3) $\qquad\qquad a = D \vee B \vee (C \wedge A) \vee (\overline{C \vee A}).$

Diesem Ergebnis entspricht die in Fig. 2.11 dargestellte Dekoderschaltung für das Segment a. Analog sind die Dekoder für die Segmente b bis g zu konstruieren.

2.3 Speicher, Zähler, Register

2.3.1 RS-Flip-Flop als Speicher

In den vorhergehenden Abschnitten wurden digitale Schaltelemente besprochen, deren Ausgangszustände eindeutig von den Eingangszuständen abhingen und ihnen praktisch verzögerungsfrei folgten. Die Digitaltechnik, insbesondere die Datenverarbeitung benötigt in großem Umfang jedoch auch solche Schaltelemente, die die Funktion von <u>Speichern</u>, also die Eigenschaft haben, Ein- und Ausgabedaten oder Zwischenergebnisse sich beliebig lange "merken" zu können (jedenfalls so lange bis ein neues Signal den Speicherinhalt ändert). Da digitale Daten aus einem oder mehreren Bits bestehen, muß eine elementare Speicherzelle die Fähigkeit haben, den Zustand "0"≙L oder "1"≙H annehmen und beliebig lange halten zu können. Solche einfachen Speicher lassen sich mit zwei überkreuzgekoppelten NAND- oder NOR-Gattern aufbauen. Fig. 2.12 zeigt einen mit NAND-Gattern, Fig. 2.13 einen mit NOR-Gattern aufgebauten Speicher. Beim NAND-Speicher sind die Eingänge $\bar{S}$ und $\bar{R}$ im Ruhezustand über Widerstände mit dem "1"- bzw. H-Potential verbunden. Beim NOR-Speicher liegen die Eingänge R und S normalerweise im "0"-bzw. L-Zustand. Wir besprechen zunächst den NAND-Speicher.

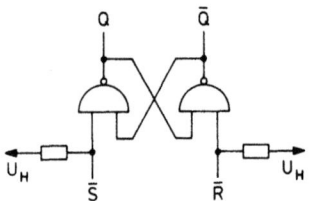

Fig. 2.12: Aufbau eines Speicherelementes mit NAND-Gattern

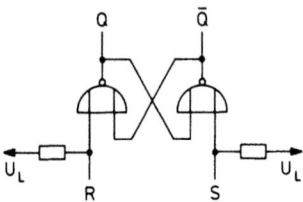

Fig. 2.13: Aufbau eines Speicherelementes mit NOR-Gattern

Legt man den <u>Eingang $\bar{S}$ des NAND-Gatters an L</u>, so wird wegen L NAND $\bar{Q}$ = H der Ausgang Q = H. Damit sind der Eingang $\bar{R}$ und der mit Q verbundene NAND-Gatter-Eingang im H-Zustand. Wegen H NAND H = L wird der Ausgang dieses NAND-Gatters $\bar{Q}$ = L. <u>Selbst wenn jetzt der Eingang $\bar{S}$ wieder in den Zustand H geht, bleibt die Schaltung im Zustand Q = H, $\bar{Q}$ = L</u>, weil der mit $\bar{Q}$ verbundene Gattereingang weiter an L liegt. Die Schaltung "merkt" sich gleichsam, daß der Eingang $\bar{S}$ - möglicherweise nur kurzzeitig - im L-Zustand war. Um durch $\bar{S}$ = L den Zustand Q = H, $\bar{Q}$ = L zu erzeugen, ist aber eine Mindestdauer für den Eingangszustand $\bar{S}$ = L erforderlich. Diese Zeit ist gleich der Durchlaufverzögerungszeit, die vergeht, bis das an $\bar{S}$ angelegte L-Signal nach zweimaliger Invertierung

($Q = H$, $\bar{Q} = L$) wieder am Ausgang von $\bar{Q}$ erscheint. Je nach Gatteraufbau (Technologie) beträgt diese Durchlaufverzögerung 1...100 ns.

Legt man L an den Eingang $\bar{R}$, so wird in ähnlicher Weise der Zustand $\bar{Q} = H$, $Q = L$ hergestellt.- Diese Schaltung hat also zwei stabile Zustände, die durch L am Eingang $\bar{S}$ bzw. $\bar{R}$ erzeugt werden: die Schaltung bleibt nach dem (evtl. kurzzeitigen) Setzen (SET) von $\bar{S} = O$ im Zustand $Q = H$, $\bar{Q} = L$ bis durch $\bar{R} = O$ (RESET) dieser Zustand in $Q = L$, $\bar{Q} = H$ übergeht, also der vorherige Zustand gelöscht wird. Dem bistabilen Schaltverhalten wird die lautmalerische Bezeichnung "Flip-Flop" gerecht. Diese einfache Speicherschaltung mit dem <u>Setzeingang</u> $\bar{S}$ (bzw. S in Fig. 2.13) und dem <u>Löscheingang</u> $\bar{R}$ (bzw. R) wird kurz <u>RS-Flip-Flop</u> genannt.

Das Schaltverhalten des mit NAND-Gattern aufgebauten RS-Flip-Flop gibt Tab. 2.2 wieder. Dabei ist Q_n der Ausgangszustand vor dem Anlegen eines Setz- oder Löschsignals und Q_{n+1} der Zustand danach.- Durch $\bar{S} = \bar{R} = L$ wird das Flip-Flop gleichzeitig gesetzt und gelöscht, es ist $Q = \bar{Q} = H$, also ein unzulässiger Speicherzustand.

Das mit NOR-Gattern aufgebaute RS-Flip-Flop arbeitet ganz entsprechend. Der wesentliche Unterschied ist, daß dieses Flip-Flop durch $S = H$ gesetzt und durch $R = H$ gelöscht wird. Tab. 2.3 zeigt die zugehörige Wahrheitstabelle.

$\bar{S}$	$\bar{R}$	Q_{n+1}
0	0	-
0	1	1
1	0	0
1	1	Q_n

Tab. 2.2

S	R	Q_{n+1}
0	0	Q_n
0	1	0
1	0	1
1	1	-

Tab. 2.3

RS-Flip-Flops werden als Speicherelemente nicht nur in Digitalrechnern in großer Zahl eingesetzt, sondern auch in digitalen Steuerungen, wo kurzzeitige Tastenbetätigungen einen Befehl an eine Maschine auslösen, der lange Zeit gespeichert werden soll. So sind z.B. die Anforderungstasten einer Aufzugsteuerung oder die Programmtasten eines modernen Fernsehgerätes mit Flip-Flops verbunden, die die kurzzeitigen Befehlseingaben bis zur Befehlsausführung speichern. In Alarmanlagen werden Flip-Flops benutzt, um einmal aufgetretene Zustände über nachgeschaltete Anzeigeelemente bis zur Quittierung anzuzeigen.

Steuersignale für Digitalschaltungen werden oft über mechanische Schalter eingegeben. Diese haben die unangenehme Eigenschaft zu "prellen", d.h. bei Kontaktgabe oder bei Öffnung kurzzeitig mehrere Impulse abzugeben. Durch die Verwendung eines RS-Flip-Flops gemäß Fig. 2.14 kann ein Schalter "entprellt" werden. Jeder Schalterstellung entspricht ein stabiler Flip-Flop-Zustand, der bei Änderung der Schalterstellung bereits durch den ersten L-Prellimpuls gesetzt und gespeichert wird.

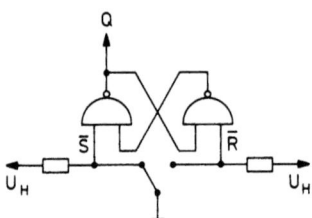

Fig. 2.14: Entprellung eines mechanischen Schalters mittels RS-Flip-Flop

2.3.2 Master-Slave-Flip-Flop

Neben den einfachen RS-Flip-Flops werden oft Speicher benötigt, die erst zu einem bestimmten, durch ein weiteres Steuersignal festgelegten Zeitpunkt den Zustand annehmen, der durch bereits anliegende Setz- oder Löschsignale gleichsam vorbereitet ist. In Fig. 2.15 ist eine sehr universell einsetzbare Speicheranordnung

dargestellt, bei der die Dateneingabe und Datenausgabe von einem
Taktsignal gesteuert wird. Diese als "JK-Master-Slave-Flip-Flop"
bezeichnete Schaltung hat fünf Eingänge: die direkten Setz- und
Löscheingänge $\bar{S}$ und $\bar{R}$, die Vorbereitungseingänge J und K und den
Takt- oder Clock-Eingang C. Die (komplementären) Ausgänge sind
Q und $\bar{Q}$.

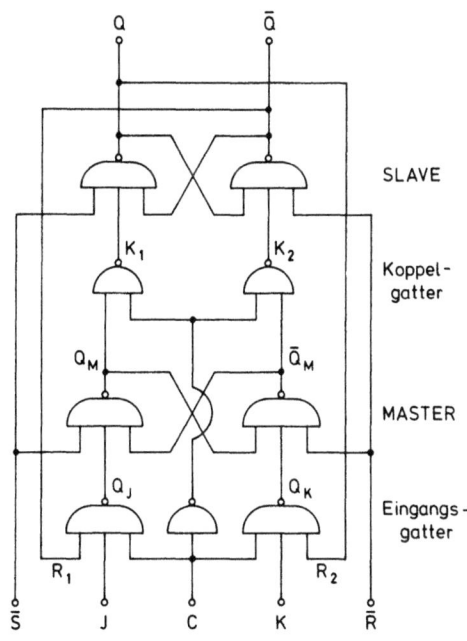

Fig. 2.15: Schaltbild eines "JK-Master-Slave-Flip-Flop"
(siehe Text)

Die direkten <u>Setz- und Löscheingänge $\bar{S}$ und $\bar{R}$</u> führen unmittelbar zu je zwei 3-fach NAND-Gattern, die wegen der kreuzweisen
Kopplung leicht als RS-Flip-Flops zu identifizieren sind. Das mit
den Eingangsgattern verbundene Flip-Flop heißt "Master"-Flip-Flop,
dasjenige mit den Ausgängen Q und $\bar{Q}$ "Slave"-Flip-Flop. Über die
Eingangsgatter nimmt das Master-Flip-Flop Eingangsbefehle entgegen und gibt sie über das Koppelgatter an das Slave-Flip-Flop weiter (der Slave-Schaltzustand folgt dem des Master). Master und

Slave können mittels der direkten Setz- und Löscheingänge durch
S = L wie ein RS-Flip-Flop gesetzt (Q_M = Q = H) und durch $\bar{R}$ = L gelöscht werden (Q_M = Q = L). Dies ist unabhängig vom Zustand der
anderen Eingänge möglich.

Zur Erläuterung der <u>Wirkungsweise der Vorbereitungseingänge</u> J und
K wollen wir annehmen, das Flip-Flop sei zunächst durch einen
kurzzeitigen Setzimpuls $\bar{S}$ = L in den Zustand Q = H gebracht worden.
Die Rückführungen R_1 und R_2 von Q und $\bar{Q}$ zu den Eingangsgattern
wollen wir vorerst nicht berücksichtigen. Ferner nehmen wir für
die Vorbereitungseingänge die Zustände J = L und K = H an. Zur Er-
leichterung der nachfolgenden Diskussion ist in Tabelle 2.4 die
Wirkung der Funktionen AND und NAND zusammengestellt.

X_1	X_2	AND	NAND
0	0	0	1
0	1	0	1
1	0	0	1
1	1	1	0

Tab. 2.4

Solange der <u>Takt- oder Clockeingang C</u>, der an beiden Eingangsgattern liegt, im L-Zustand ist, gilt für die Gatterausgänge
Q_J = Q_K = H, so daß der Zustand des Master-Flip-Flop, unabhängig
vom Zustand der Vorbereitungseingänge J und K, unverändert bleibt.
Sobald aber C = H ist, geht der Ausgang desjenigen Eingangsgatters
in den L-Zustand, dessen Vorbereitungseingang H ist. In unserem
Beispiel ist K = H, so daß wegen K NAND C = $\bar{Q}_K$ das Master-Flip-Flop
in den Zustand $\bar{Q}_M$ = H, Q_M = L gesetzt wird.

Mit dem Takteingang C ist noch ein Inverter verbunden, der im
Falle C = H einen L-Pegel an die beiden $\bar{C}$-Eingänge der Koppelgatter
legt, so daß beide Koppelgatterausgänge K_1 und K_2 im H-Zustand
sind, wodurch sich der Zustand des Slave-Flip-Flop nicht ändert.
Sobald aber C wieder in den L-Zustand geht, ist $\bar{C}$ = H und das
Slave-Flip-Flop wird über die Koppelgatter in den Zustand des

Master-Flip-Flop gebracht. In unserem Beispiel war $\bar{Q}_M = H$, so daß wegen $\bar{K}_2 = \bar{Q}_M$ NAND $\bar{C} = L$ jetzt auch $\bar{Q} = H$ ist.

Der Datenfluß von den Vorbereitungseingängen J und K zu den Ausgängen Q und $\bar{Q}$ wird demnach, wie in Fig. 2.16 dargestellt, vom Takteingang C gesteuert (U_C = Spannung am Takteingang):

C = L: Vorbereitungsphase. Die Eingangsgatter sind gesperrt:
$Q_J = Q_K = H$. Die an den Vorbereitungseingängen J und K liegenden Signale beeinflussen das Master-Flip-Flop nicht.

C = H: Dateneingabe über die Eingangsgatter an das Master-Flip-Flop.
Es ist $Q_M = H$, wenn J = H und K = L.
Es ist $\bar{Q}_M = H$, wenn J = L und K = H.

C = L: Datenausgabe: Der Zustand des Master-Flip-Flop wird über die Koppelgatter in das Slave-Flip-Flop übertragen. Sobald der Taktpegel von H nach L wechselt (negative Taktflanke), erscheinen die in der Vorbereitungs-Phase an den J und K-Eingängen anliegenden Zustände an den Ausgängen Q und $\bar{Q}$. Man nennt dies ein negativ-flanken-gesteuertes_JK-Flip-Flop.

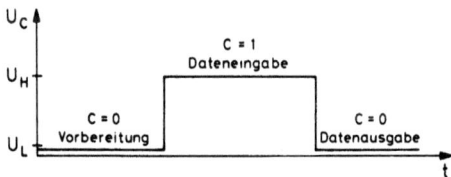

Fig. 2.16: Spannungsverläufe am Clock-Eingang eines negativ-flanken-gesteuerten JK-Flip-Flop

Wenden wir uns nun den in Fig. 2.15 gezeichneten aber bisher nicht beachteten Rückführungen R_1 und R_2 von den Ausgängen Q und $\bar{Q}$ auf die Eingangsgatter zu. Durch einen kurzen Impuls S = L sei der Anfangszustand Q = H, $\bar{Q}$ = L gesetzt. Beide Vorbereitungseingänge J und K werden an H gelegt. Damit übernehmen die Rückführungsleitungen R_1 und R_2 die Rolle der Vorbereitungseingänge ($R_1 \wedge H = R_1$; $R_2 \wedge H = R_2$). Wegen der über Kreuz verlaufenden Rückführung sind in der Vorbereitungsphase die Eingangszustände R_1 und R_2 invers zu den Ausgangszuständen Q und $\bar{Q}$. Mit der negativen Flanke

des Taktimpulses erscheint der in der Vorbereitungsphase an den
Eingangsgattern liegende Zustand am Ausgang, so daß in unserem
Beispiel $\bar{Q}$ = H, Q = L wird. Dieser Ausgangszustand ist invers zum
vorherigen, und mit jeder negativen Taktflanke ändert sich der
Ausgangszustand erneut.

Fig. 2.17 zeigt die Ausgangszustände Q eines JK-Flip-Flop
mit der speziellen Vorgabe J = K = H, an dessen Takteingang C eine
periodische (von L nach H wechselnde) Spannung U_C liegt. Mit jeder
negativen Flanke des Taktimpulses ändert sich unter den gegebenen
Bedingungen der Ausgangszustand des JK-Flip-Flop. Die Ausgangs-
frequenz ist halb so groß wie die Taktfrequenz: In der Betriebsart
J = K = H arbeitet das Flip-Flop als Frequenzteiler.

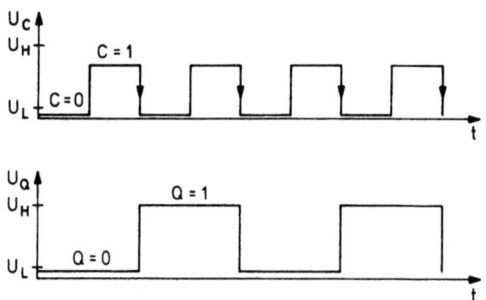

Fig. 2.17: Ausgangszustände Q eines negativ-flanken-gesteuerten
JK-Flip-Flop, an dessen Takt-Eingang C eine periodische
Rechteck-Spannung liegt (Frequenzteiler)

Das Schaltverhalten des JK-Flip-Flop ist in Tab. 2.5 dargestellt. Dabei ist Q_n der Ausgangszustand in der Vorbereitungsphase C = L oder der Dateneingangsphase C = H, und Q_{n+1} ist der
Ausgangszustand nach der negativen Taktflanke (H- nach L-Übergang
an C : ↓). Fig. 2.18 zeigt das Schaltsymbol des beschriebenen
JK-Flip-Flop.

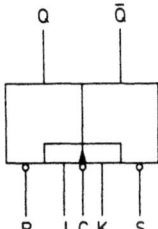

Fig. 2.18: Schaltsymbol eines JK-Flip-Flop mit Setz- und Löscheingang gemäß Fig. 2.15

$\bar{R}$	$\bar{S}$	K	J	C	Q_{n+1}
0	1	X	X	X	0 (löschen)
1	0	X	X	X	1 (setzen)
1	1	0	0	↓	Q_n (keine Änderung)
1	1	0	1	↓	1
1	1	1	0	↓	0
1	1	1	1	↓	$\bar{Q}_n$ (Invertierung)

X: beliebiger Zustand
↓: negative Clock-Flanke

Tab. 2.5

Erzeugt man $K = \bar{J}$ durch Invertierung des J-Eingangs gemäß Fig. 2.19, so erhält man ein Flip-Flop mit nur einem Vorbereitungseingang D, das man "D-Flip-Flop" nennt. Mit den obigen Festsetzungen kann das Schaltverhalten eines D-Flip-Flop's beschrieben werden durch $Q_{n+1} = D_n$.

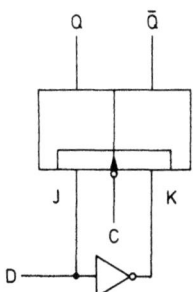

Fig. 2.19: D-Flip-Flop, bestehend aus JK-Flip-Flop und Inverter zur Bildung von $\bar{K} = J$

2.3.3 Zähler

Ausgehend von der Feststellung, daß ein JK-Flip-Flop mit
J = K = H die Takt- oder Clockfrequenz halbiert, läßt sich durch
Hintereinanderschalten mehrerer solcher Frequenzteiler ein <u>Binärzähler</u> aufbauen, der die Anzahl der Taktimpulse in Form einer Binärzahl registriert. Fig. 2.20 zeigt vier hintereinandergeschaltete JK-Flip-Flops. Die an H liegenden Vorbereitungseingänge
J und K sind nicht eingezeichnet. Durch einen L-Impuls am gemeinsamen Löscheingang $\bar{R}$ lassen sich alle Ausgänge Q_0 bis Q_3 in den
Anfangszustand Q = L bringen (vgl. Tab. 2.5). Jeder Eingangsimpuls
ändert den Ausgangszustand Q_0 des ersten Flip-Flop. Jede Änderung
eines Ausgangszustandes von H nach L (negative Flanke, in Tab. 2.6
durch Pfeile angedeutet) ändert den Zustand des nächstfolgenden
Flip-Flop. In Tab. 2.6 sind die Ausgangszustände der vier Flip-Flops in Abhängigkeit von der Zahl N der Eingangs-Taktimpulse T
dargestellt.

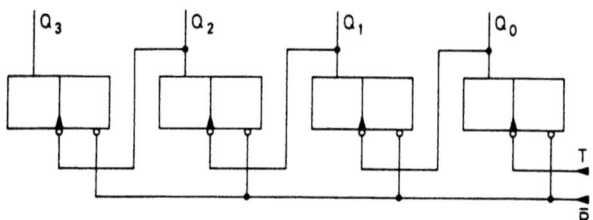

Fig. 2.20: Binärzähler durch Hintereinanderschaltung mehrerer
Frequenzteiler (T = Zählereingang, $\bar{R}$ = Löscheingang)

Ordnet man dem Ausgang Q_0 die Wertigkeit 2^0, $Q_1 = 2^1$, $Q_2 = 2^2$
und $Q_3 = 2^3$ zu, so stellen die Ausgangszustände das binäre Äquivalent der Eingangsimpulszahl N dar. Würde man z.B. die Ausgangszustände gemäß Fig. 2.4 mit Lämpchen oder LED sichtbar machen,
so könnte man die Anzahl der Eingangsimpulse im Binärcode ablesen.
Mit den vier Flip-Flops lassen sich maximal 15 Eingangsimpulse
registrieren (1111). Mit dem 16. Impuls erhält man wieder den
Zustand 0000. Zur Vereinfachung der Ablesung ist es oft angebracht,
dezimal zu zählen, d.h. nach jedem 9. Impuls (nach 1001) die

Q_3	Q_2	Q_1	Q_0	$\bar{R}$	N
0	0	0	0	0	0
0	0	0	1	1	1
0	0	1 ←	0↓	1	2
0	0	1	1	1	3
0	1 ←	0↓ ←	0↓	1	4
0	1	0	1	1	5
⋮	⋮	⋮	⋮	⋮	⋮
1	1	1	1	1	15

Tab. 2.6

Flip-Flops wieder in den Zustand 0000 zu bringen. Dadurch erhält erhält man eine Dekade eines binär codierten Dezimalzählers (BCD-Zähler). Der Ausgang Q_3 des BCD-Zählers kann eine weitere BCD-Dekade ansteuern usw. Schaltungstechnisch kann ein 4 Bit Binärzähler durch Hinzufügen eines Dekoders in eine BCD-Dekade umgebaut werden, der dafür sorgt, daß nach dem Zustand 9_{10} = 1001 über die Vorbereitungseingänge mit dem nächsten Taktimpuls alle vier Flip-Flop's in den Zustand Q = 0 gebracht werden.

Würde man bei einem Binärzähler statt des Q-Ausgangs jeweils den $\bar{Q}$-Ausgang eines Flip-Flop mit dem Takteingang des folgenden verbinden, so hätte man einen <u>rückwärts zählenden Binärzähler</u> <u>(Rückwärtszähler)</u>. Durch Löschen sei der Anfangszustand Q = 0000 bzw. $\bar{Q}$ = 1111 gesetzt. Der 1. Taktimpuls bewirkt am Ausgang $\bar{Q}_0$ einen H → L-Übergang. Dadurch kippt auch $\bar{Q}_1$ von H nach L, dadurch $\bar{Q}_2$ und schließlich $\bar{Q}_3$, so daß nach dem 1. Taktimpuls der Ausgangszustand $\bar{Q}$ = 0000 und Q = 1111 = 15_{10} ist. Der 2. Impuls bewirkt $\bar{Q}$ = 0001 bzw. Q = 1110 = 14_{10}. Der 3. Impuls bewirkt $\bar{Q}$ = 0010 bzw. Q = 1101 = 13_{10} usw.

Bisher haben wir Zähler durch Hintereinanderschalten von Flip-Flops realisiert. Da jedes Flip-Flop eine endliche Zeit benötigt, um bei einer negativen Taktflanke den Ausgangszustand zu ändern, kippen hintereinandergeschaltete Flip-Flops niemals gleichzeitig. Die Verzögerungszeiten addieren sich. Reihenschaltungen von Flip-Flops bezeichnet man daher als <u>Asynchronzähler</u>.

Der Einsatz von Asynchronzählern kann bei schnellen Zählvorgängen,- wenn die zeitlichen Abstände der Zählimpulse mit den Verzögerungszeiten vergleichbar sind-, problematisch werden und zu einer Beschränkung der maximalen Zählfrequenz führen. Solche Begrenzungen sind z.B. bei sogenannten Vorwahlzählern zu beachten, wenn der aktuelle Zählerstand mittels eines digitalen Komparators mit einem (binär codierten) vorgegebenen Zahlenwert verglichen und bei Gleichheit zur Auslösung von Schaltsignalen führen soll.

Schnelle Zähler baut man daher so, daß alle Flip-Flops synchron mit der Flanke des Taktimpulses kippen. Bei diesen sogenannten Synchronzählern wird der Taktimpuls T an die Takteingänge aller Flip-Flops gelegt (Fig. 2.21). Die JK-Vorbereitungseingänge eines Flip-Flops werden nur dann in den Zustand $J = K = H$ gebracht, wenn das Flip-Flop mit dem folgenden Taktimpuls kippen soll; sonst bleibt $J = K = L$. In der Schaltung Fig. 2.21 ändert sich Q_0 mit jedem Taktimpuls. Der Zustand Q_1 ändert sich nur, wenn $Q_0 = H$ ist, also nach jedem 2. Taktimpuls. Der Zustand Q_2 ändert sich, nachdem Q_0 und Q_1 im H-Zustand sind, also nach dem 3. und 7. und 11. Impuls. Der Zustand Q_3 ändert sich, nachdem Q_1 und Q_2 und Q_3 im H-Zustand sind, also nach jedem 7. und 15. Impuls.

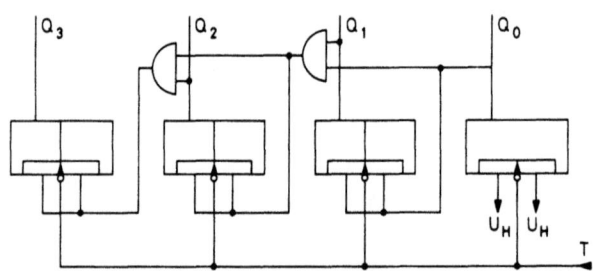

Fig. 2.21: Bei schnellen Zählern wird der Taktimpuls an alle Clock-Eingänge gelegt (Synchronzähler)

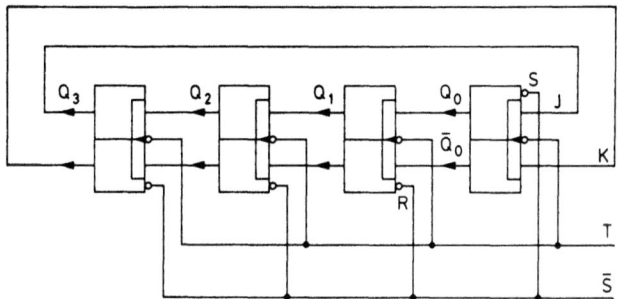

Fig. 2.22: Ringzähler (siehe Text)

Eine weitere Möglichkeit, einen sehr schnellen Zähler aufzubauen, zeigt Fig. 2.22. Auch hier liegt der Taktimpuls an allen Clockeingängen. Die Setz- und Löscheingänge sind so geschaltet, daß durch L am gemeinsamen Setzeingang $\bar{S}$ der Ausgangszustand 0001 gesetzt wird. Die Ausgänge Q und $\bar{Q}$ sind mit den JK-Eingängen der nachfolgenden Stufe verbunden, so daß an den Vorbereitungseingängen stets der Zustand der vorhergehenden Stufe anliegt. Dadurch entsteht nach dem ersten Taktimpuls der Zustand 0010. Nach dem zweiten Taktimpuls der Zustand 0100, danach 1000 und schließlich wieder 0001. Diese Schaltung stellt ein in sich geschlossenes vierstufiges <u>Schieberegister</u> dar, welches hier als vierstufiger <u>Ringzähler</u> betrieben wird. Mit 10 Flip-Flops kann so eine sehr schnelle Zähldekade aufgebaut werden, deren Ausgänge - ohne zusätzlichen Dekoder - eine direkte Dezimalzählung ermöglichen.

2.3.4 Schieberegister

Schieberegister werden in der digitalen Datenverarbeitung bei sehr unterschiedlichen Anwendungen eingesetzt. So ist z.B. die Multiplikation einer Binärzahl mit dem Faktor 2 äquivalent einer Verschiebung der Zahl (also aller Bits) um eine Stelle nach links (wobei in die rechte Stelle eine Null eingeschrieben werden muß). Der Division einer Binärzahl durch 2 entspricht eine Stellenverschiebung nach rechts. Die Rechts- bzw. Linksverschiebung einer

Binärzahl kann in digitalen Rechenschaltungen mit Schieberegistern durchgeführt werden. Fig. 2.23 zeigt ein Schieberegister, bei dem über die direkten Setzeingänge jedes Flip-Flop einzeln gesetzt werden kann: $Q_i = S_i$, wenn P=H. In dieses Register läßt sich damit jede beliebige 4-stellige Binärzahl $Q_3 Q_2 Q_1 Q_0 = S_3 S_2 S_1 S_0$ "einschreiben". Man bezeichnet die Setzeingänge eines Schieberegisters als Paralleleingänge, denn alle Flip-Flops sind gleichzeitig = parallel setzbar.

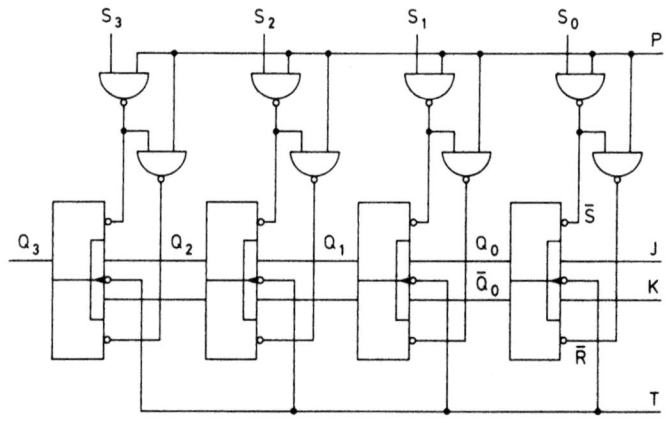

Fig. 2.23: Über die Paralleleingänge S läßt sich eine Information (z.B. Binärzahl) in das Register "schreiben". Im Schiebebetrieb kann diese Information mit jeder negativen Taktimpulsflanke um eine Stelle nach links geschoben werden

Weil die Ausgänge der n-ten Stufe mit den Vorbereitungseingängen der (n+1)ten Stufe verbunden sind, wird mit jeder negativen Taktimpulsflanke der einmal eingeschriebene Zustand um eine Stelle nach links verschoben (während P=L ist, so daß die Setzeingänge im H-Zustand und damit inaktiv sind). Wenn der Vorbereitungseingang J der rechten Stufe an L liegt und K an H, so wird mit jedem Taktimpuls von rechts mit $Q_0 = 0$ eine Null "nachgezogen". Mit dieser Schaltung läßt sich somit für Binärzahlen eine Multiplikation mit 2^n durchführen (n=Anzahl der Taktimpulse).

Eine weitere Anwendungsmöglichkeit des Schieberegisters ist die Parallel-Serienwandlung digitaler Daten: Der Ausgang Q_3 der letzten Stufe hat vor dem ersten Taktimpuls den Ausgangszustand $Q_3=S_3$. Ferner ist $Q_2=S_2$, $Q_1=S_1$ und $Q_0=S_0$. Nach dem ersten Taktimpuls ist das eingeschriebene Bit-Muster um eine Stelle nach links verschoben. Jetzt ist $Q_3=S_2$. Nach dem zweiten Taktimpuls ist $Q_3 = S_1$, usw. So erscheinen die anfangs parallel gesetzten Zustände S_3, S_2, S_1, S_0 nacheinander, d.h. seriell am Ausgang Q_3 in der Reihenfolge S_3, S_2, S_1, S_0. Diese Parallel-Serienwandlung von digitalen Daten wird häufig angewandt, wenn digitale Informationen über eine einzige Datenleitung (Telefonleitung) oder einen Sender übertragen werden sollen. Auf der Empfängerseite kann die seriell eintreffende Information mittels eines weiteren Schieberegisters wieder in eine parallele umgeformt werden (Serien-Parallelwandler). Dazu kann ebenfalls das in Fig. 2.23 gezeigte Schieberegister dienen, wenn das empfangene Signal an den J-Eingang und das invertierte Signal an den K-Eingang der ersten (rechten) Stufe gelegt wird (D-Typ-Flip-Flop gemäß Fig. 2.19).

Das ganze Schieberegister könnte auch mit D-Flip-Flops gebaut werden. Das Taktsignal der Sendeseite müßte auf der Empfängerseite zur Parallel-Serienwandlung ebenfalls zur Verfügung stehen, so daß mit jedem Taktimpuls die empfangene Information um eine Stelle weiter in das Schieberegister geschoben werden kann. Im Prinzip ist damit das senderseitige Parallel-Serien-Schieberegister auf der Empfängerseite um das Serien-Parallel-Register verlängert worden.

2.4 Multiplexer

Digitale Multiplexer sind elektronisch gesteuerte Schalter zum Umschalten digitaler Datenwege. Ein Anwendungsbeispiel ist die Umschaltung eines Zählers von Vorwärts- in Rückwärtszählbetrieb (Abschn. 2.3.3). Dazu ist es in diesem Fall nötig, bestimmte Flip-Flop-Eingänge wahlweise mit den Ausgängen Q oder $\bar{Q}$ der vorhergehenden Stufen zu verbinden.

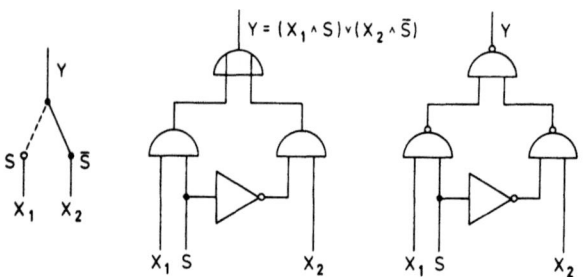

Fig. 2.24: Elektronische Schalter (Multiplexer) zur Umschaltung von Datenwegen (links mechanisches Analogen)

Fig. 2.24 zeigt die Schaltbilder zweier mit unterschiedlichen Gattern aufgebauter elektronischer Umschalter und im linken Teil ihr mechanisches Analogen. Wenn der Steuereingang S = H ist, so gilt $Y = X_1$. Falls S = L, werden die Daten vom Eingang X_2 zum Ausgang Y geschaltet: $Y = X_2$.- Das Schaltverhalten der beiden mit verschiedenen Gattern aufgebauten "2 nach 1" Multiplexer gibt Tab. 2.7 wieder.

S	X_2	X_1	Y	
1	X	1	1	} $Y=X_1$
1	X	0	0	
0	1	X	1	} $Y=X_2$
0	0	X	0	

X: beliebig

Tab. 2.7

Der (2 nach 1)-Multiplexer läßt sich gemäß Fig. 2.25 leicht zu einem Mehrfachumschalter erweitern. Nur derjenige Eingangswert X erscheint am Ausgang Y, dessen zugehöriger Steuereingang S = H ist. Es gibt noch andere Möglichkeiten, elektronische Umschalter zu realisieren.

In Fig. 2.26 sind drei Schalttransistoren mit den Eingängen E_1 bis E_3 und den Kollektorausgängen Y_1 bis Y_3 dargestellt. Alle Ausgänge sind miteinander verbunden und über den gemeinsamen Arbeitswiderstand R an die positive Versorgungsspannung $U_H \triangleq H$ gelegt. Der Ausgang Y ist L, wenn an einem der drei Eingänge ein H-Pegel liegt: $\bar{Y} = E_1 \vee E_2 \vee E_3$. Jeder einzelne Schalttransistor stellt einen Inverter mit zunächst "offenem Kollektor" dar (Open-Collector-Schaltung). Erst in Verbindung mit einem externen Arbeitswiderstand R ist der Inverter in der Lage, den Zustand Y=H zu realisieren, falls nämlich am Invertereingang L anliegt. In diesem Fall ist der Schalttransistor, und damit der Inverterausgang, hochohmig. Er belastet den externen Arbeitswiderstand praktisch nicht. Daher ist es möglich, mehrere derartige Open-Collector-Ausgänge direkt miteinander zu einer NOR-Schaltung zu verbinden (wired NOR-Schaltung).

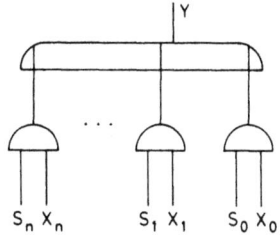

Fig. 2.25: Aufbau eines Mehrfach-Multiplexers

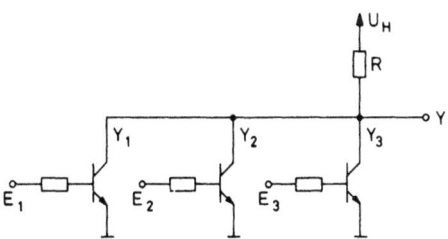

Fig. 2.26: Drei Schalttransistoren mit gemeinsamen Kollektorwiderstand als NOR-Gatter

Fig. 2.27 zeigt einen invertierenden (2 nach 1)-Multiplexer, mit UND-Gattern und nachgeschalteten Open-Collector-Invertern. Sie stellen NAND-Gatter dar. Ihre Ausgänge können zu einer wired-NAND-Schaltung mit dem gemeinsamen Arbeitswiderstand R verbunden werden. Da NAND-Gatter mit offenen Kollektor-Ausgängen in integrierter Form erhältlich sind, ist diese Schaltung in der Praxis sehr einfach zu realisieren, ein Schaltbild stellt Fig. 2.28 dar.

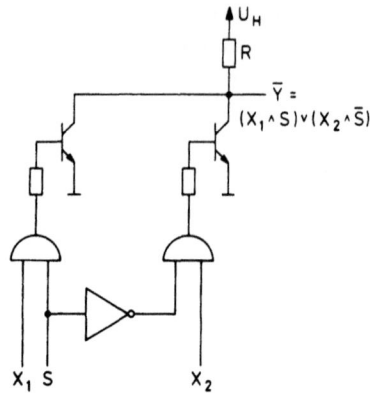

Fig. 2.27: "Wired-NOR"-Schaltung als invertierender (2 nach 1)-Multiplexer

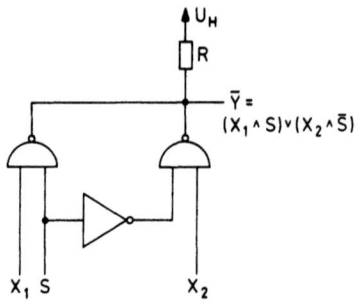

Fig. 2.28: Invertierender (2 nach 1)-Multiplexer, aufgebaut aus NAND-Gattern mit Open-Collector-Ausgang

NAND-Gatter mit offenen Kollektor-Ausgängen findet man oft in Datenausgängen digitaler Meßgeräte, um in einem Datenverarbeitungssystem verschiedene Datenquellen auf eine gemeinsame Datenleitung (evtl. zum Drucker oder Display) schalten zu können. Fig. 2.29 zeigt als Beispiel drei BCD-Zähldekaden mit den Ausgängen

$A = 2^0$, $B = 2^1$, $C = 2^2$, $D = 2^3$. Diese vier Ausgänge jeder Dekade sollen durch die Steuersignale S_0, S_1, S_2 über Open-Collector-NAND-Gatter als Multiplexer auf eine gemeinsame 4-Bit-Datenleitung, A',B',C',D', gegeben werden. Eine Datenleitung, zu der mehrere Datenquellen Zugang haben, wird "Bus" genannt. Der Datenausgang des Zählers kann z.B. zu einem Drucker führen, der nacheinander die Inhalte der einzelnen Zähldekaden ausdrucken soll. Am Datenausgang erscheint der Inhalt der Zähldekade Z_n, falls S_n=H ist. Dies ist eine zeichenserielle, bitparallele Form der Datenübertragung.

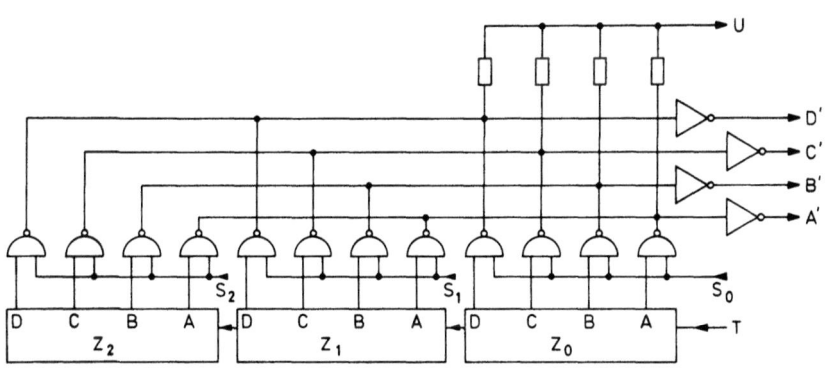

Fig. 2.29: Datenausgabe aus 3 Zähldekaden über Multiplexer auf gemeinsame Datenleitungen A', B', C', D'

Diese Art der Datenausgabe wird auch häufig bei mehrstelligen Ziffernanzeigen angewandt, um den Aufwand an Dekodern und an Verdrahtung zu verringern. Denken wir uns den Datenausgang des Zählers in Fig. 2.29 mit dem Eingang des Dekoders in Fig. 2.30 verbunden, der die Zählerinhalte zur Ansteuerung von Siebensegment-Displays in einen (1 aus 7)-Code umsetzt. Die Dekoderausgänge sind mit den entsprechenden Anodensegmenten a bis g aller drei LED-Displays D_0 mit D_2 verbunden. Die Leuchtdioden eines Displays können aber nur dann Licht emittieren, wenn die gemeinsame Kathodenleitung eines Displays über den zugehörigen Treibertransistor (T_0 bis T_2) auf Nullpotential geschaltet wird. Das geschieht durch die Steuersignale S_0 bis S_2.

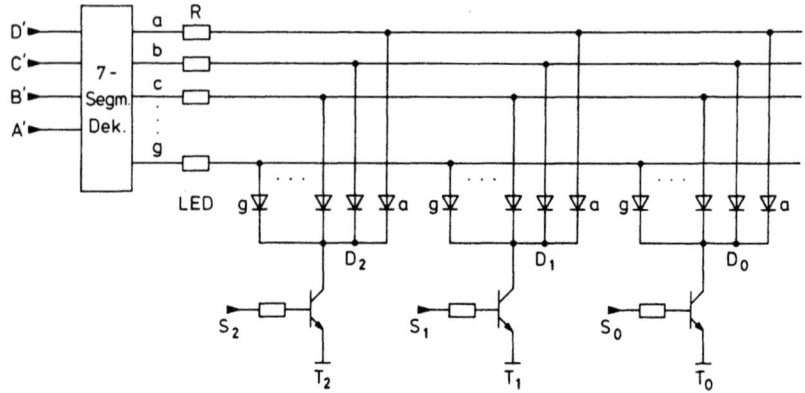

Fig. 2.30: Zur Darstellung der Zählerinhalte der Schaltung Fig. 2.29 durch 7-Segment LED-Displays werden die Datenleitungen A', B', C', D' an einen Dekoder und die Steuersignale S an die entsprechenden Anzeigetreiber gelegt

Wenn also die Eingänge der Treibertransistoren in Fig. 2.30 mit den Steuereingängen S_0, S_1, S_2 der Datenausgabegatter in Fig. 2.29 verbunden werden, so kann durch S_n = H der Inhalt der Zählerdekade Z_n mit dem LED-Display D_n dargestellt werden. Legt man in zyklischer Folge periodisch kurzzeitig H-Impulse an die Steuereingänge S_0, S_1, S_2 so werden die Zählerinhalte auf den zugeordneten Displays ebenso schnell der Reihe nach dargestellt. Wegen der Trägheit des Auges wird bei geeigneter Wiederholfrequenz der Eindruck einer gleichzeitigen Darstellung aller Dekadeninhalte vorgetäuscht (genannt: gemultiplexte Anzeige). Die hierzu notwendige Steuersignalfolge könnte ein zweistufiger Binärzähler mit nachgeschaltetem (1 aus 3)-Dekoder gemäß Fig. 2.31 liefern, der periodische Rechteckimpulse C zählt. Den zeitlichen Ablauf der Steuersignalfolge als Funktion der Eingangssignale C zeigt Fig. 2.32.

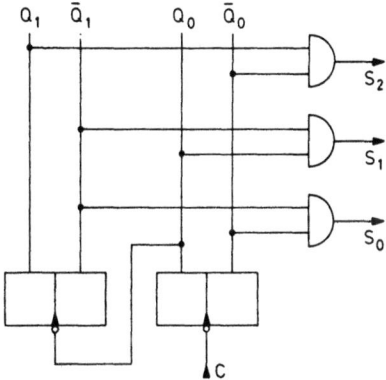

Fig. 2.31: Erzeugung der Steuersignalfolge für Multiplexer und LED-Anzeigentreiber gemäß Fig. 2.29 und 2.30

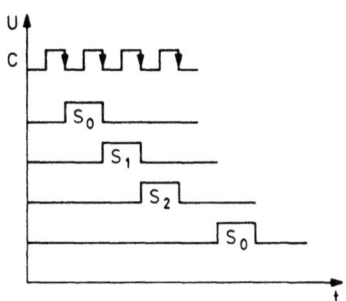

Fig. 2.32: Schema der Pulsfolgen des Steuergenerators nach Fig. 2.31

Vorwiegend bei CMOS- und N-MOS-Schaltkreisen findet man Multiplexer mit abschaltbaren Ausgangsstufen. Ein abgeschalteter Ausgang ist weder im H- noch im L-Zustand, sondern hochohmig. Diesen hochohmigen Ausgangszustand faßt man als dritten logischen Zustand auf, weshalb solche Ausgänge als "Tristate-Ausgänge" bezeichnet werden. Fig. 2.33 zeigt eine Tristate-Ausgangsstufe in CMOS-Technik. Die MOS-FET P_1 und N_1 stellen den in Abschn. 1.4.5 beschriebenen CMOS-Inverter mit dem Eingang X und dem Ausgang Y dar. Über die MOS-FET P_2 und N_2 ist der Inverter mit den Versorgungsspannungspegeln U_H und U_L verbunden. Der Tristate-Steuereingang S bestimmt, ob die Transistoren P_2 und N_2 leitend oder gesperrt sind: Mit S = H ist der Inverter eingeschaltet, so daß Y = $\bar{X}$ ist; mit S = L wird der Inverter von den Versorgungsspannungen getrennt, so daß der Inverterausgang hochohmig ist. Dieser Tristate-Zustand wird gekennzeichnet durch Y = Z. Die Open-Collector-NAND-Gatter in Fig. 2.29 könnten durch Tristate-Inverter ersetzt werden.

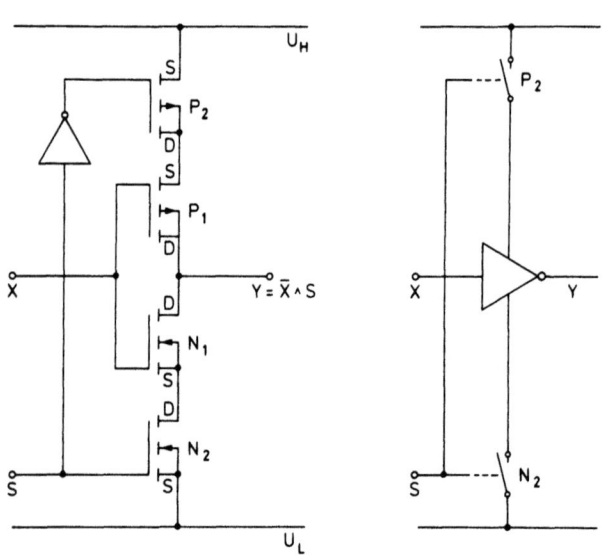

Fig. 2.33: Schaltbild eines "Tristate"-Inverters, der mit S = L den Ausgang vom H- und L-Potential trennt und damit den Ausgang in einen hochohmigen (dritten) Zustand bringt; rechts Prinzipschaltbild

2.5 Kopplung von analogen und digitalen Schaltkreisen

2.5.1 Schmitt-Trigger

Als Kopplungsglieder zwischen Schaltkreisen mit stetig veränderlichen Spannungen und Digitalschaltkreisen mit diskreten Spannungswerten U_L und U_H werden Schmitt-Trigger eingesetzt. Das sind Schaltkreise mit zwei möglichen Ausgangszuständen. Der Ausgangszustand eines Schmitt-Triggers hängt davon ab, ob seine Eingangsspannung bestimmte Werte über- oder unterschreitet. Schmitt-Trigger sind im Prinzip rückgekoppelte Verstärker, bei denen ein Teil der Ausgangsspannung auf den nichtinvertierenden Eingang zurückgeführt wird (Mitkopplung). In Fig. 2.34 sind zwei Inverter hintereinandergeschaltet. Die Ausgangsspannung U_A als Funktion der Eingangsspannung U_E gibt Fig. 2.35 wieder. Das Intervall $U_{EL} < U_E < U_{EH}$ ist eine "verbotene Zone". Spannungen in diesem Bereich dürfen als digitale Eingangsspannungen nicht vorkommen bzw. müssen bei Zustandsänderungen sehr schnell durchlaufen werden, weil sonst nichtdefinierte Ausgangsspannungen U_A auftreten, $U_{AL} < U_A < U_H$.

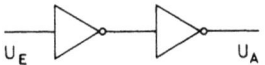

Fig. 2.34: Zwei hintereinandergeschaltete Inverter

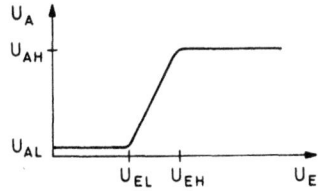

Fig. 2.35: Ausgangsspannung U_A als Funktion der Eingangsspannung U_E bei hintereinandergeschalteten Invertern gemäß Fig. 2.34

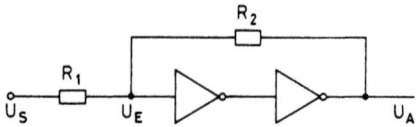

Fig. 2.36: Realisierung zweier stabiler Ausgangsspannungen bei hintereinandergeschalteten Invertern durch eine Mitkopplung (Schmitt-Trigger)

Um dies zu vermeiden, wird die Schaltung Fig. 2.34 durch eine Mitkopplung (R_2) erweitert (Fig. 2.36). Die Eingangsspannung U_S wird dem Inverter außerdem über den Widerstand R_1 zugeführt, so daß die Eingangsspannung U_E auch von der Ausgangsspannung U_A abhängig ist. Es gilt

(2.2) $\quad U_E = U_S + (U_A - U_S) \dfrac{R_1}{R_1+R_2} = U_S \dfrac{R_2}{R_1+R_2} + U_A \dfrac{R_1}{R_1+R_2}$.

Zunächst sei $U_A = 0$. Dann ist

(2.3) $\quad U_E = U_S \dfrac{R_2}{R_1+R_2} < U_S$.

Mit $U_A = 0$ folgt aus Gl. (2.3)

(2.4) $\quad U_S = U_E \dfrac{R_1+R_2}{R_1}$.

Wählt man nun U_S so groß, daß $U_E \geq U_{EL}$, also

(2.5) $\quad U_S \geq U_{SH} = U_{EL} \dfrac{R_1+R_2}{R_1}$,

so wird $U_A > 0$, wodurch wegen der Mitkopplung U_E weiter ansteigt: Die Schaltung kommt in einen instabilen Zustand. Bei Überschreiten der Gattereingangsspannung U_{EL} steigt die Ausgangsspannung so lange an (und zwar sehr schnell), bis der maximale Wert U_{AH} erreicht ist.

Wird die Eingangsspannung wieder vermindert, dann geht die Ausgangsspannung in ähnlicher Weise gegen Null, wenn bei der Eingangsspannung U_{SL} die Gattereingangsspannung

(2.6) $U_{EH} = U_{SL} R_2/(R_1+R_2) + U_{AH} \cdot R_1/(R_1+R_2)$

unterschritten wird. Dies, für einen Schmitt-Trigger typische Schaltverhalten ist in Fig. 2.37 wiedergegeben.

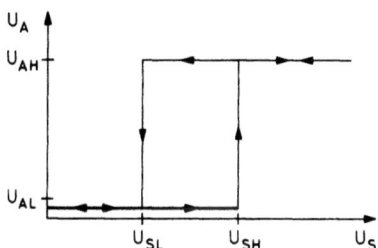

Fig. 2.37: Ausgangsspannung U_A eines Schmitt-Triggers gemäß Fig. 2.36 als Funktion der Eingangsspannung U_E

Der Schmitt-Trigger hat demnach eine obere Schaltschwelle U_{SH}, bei deren Überschreitung U_A=H, und eine untere Schaltschwelle U_{SL}, bei deren Unterschreitung U_A=L ist. Die Spannungsdifferenz U_{SH}-U_{SL} nennt man Schalthysterese. Schmitt-Trigger gibt es in TTL- und CMOS-Technik in integrierter Form als Inverter oder NAND-Gatter. Schmitt-Trigger werden durch das Symbol "S" oder eine Hystereseschleife gekennzeichnet (Fig. 2.38).

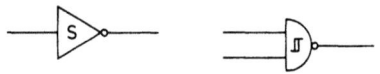

Fig. 2.38: Schaltsymbole für Schmitt-Trigger

2.5.2 Astabiler Multivibrator

Mit Schmitt-Triggern lassen sich leicht impulserzeugende und impulsformende Schaltungen realisieren. Fig. 2.39 zeigt einen Inverter mit Schmitt-Trigger-Schaltverhalten, dessen Ausgangsspannung U_A über einen Widerstand R auf den Eingang zurückgeführt wird. Parallel zum Eingang liegt ein Kondensator C. Wir nehmen an, C sei zunächst entladen, $U_C = U_X = 0$ (X=L). Die Ausgangsspannung U_A des Inverters ist wegen $Y = \bar{X}$ positiv: $U_A = U_{AH}$ (Y=H). Dadurch wird der Kondensator C über den Widerstand R gemäß

(2.7) $\quad U_C(t) = U_{AH}(1-\exp(-t/RC))$

aufgeladen (Fig. 2.40). Zur Zeit t_1 erreicht U_C die obere Schaltwelle U_{SH} und es wird $U_A = 0$ (Y=L). Damit wird C über R wieder entladen. Die Spannung fällt gemäß

(2.8) $\quad U_C(t) = U_{SH} \cdot \exp(-t/RC)$

bis zur Zeit t_2 die untere Schaltschwelle U_{SL} erreicht und $U_A = U_{AH}$ (Y=H) wird. Nun beginnt wieder ein Aufladevorgang, bis zur Zeit t_3 die obere Schaltschwelle U_{SH} erreicht wird, usw.

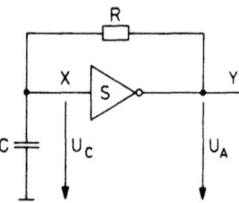

Fig. 2.39: Aufbau eines Astabilen Multivibrators durch RC-Beschaltung eines Schmitt-Triggers

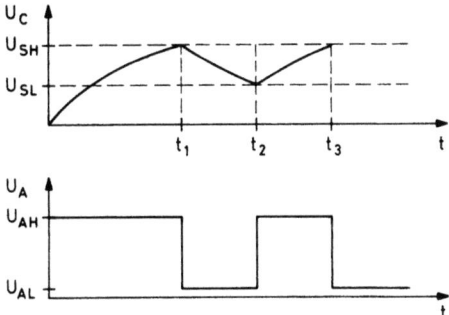

Fig. 2.40: Spannungsverlauf am Kondensator C (oben) und am Ausgang des Astabilen Multivibrators (unten) gemäß Fig. 2.39

Die Periodendauer der Ausgangsimpulse ist $T=t_3-t_1=t_3-t_2+t_2-t_1$. Die Aufladezeit ist wegen $U_C(t_3)=U_{SH}$ und $U_C(t_2)=U_{SL}$, mit $t(U_C)=RC \ln(U_{AH}/(U_{AH}-U_C))$, gegeben durch

(2.9) $\quad t_3-t_2 = RC \ln \dfrac{U_{AH}-U_{SL}}{U_{AH}-U_{SH}}$.

Die Entladezeit ist wegen $U_C(t_1)=U_C(0)=U_{SH}$ und $U_C(t_2)=U_{SL}$ mit $t(U_C)=RC \ln U_{AH}/U_C$ gegeben durch

(2.10) $\quad t_2-t_1 = RC \ln \dfrac{U_{SH}}{U_{SL}}$.

Damit folgt für die Periodendauer

(2.11) $\quad T = RC \ln \dfrac{U_{SH}(U_{AH}-U_{SL})}{U_{SL}(U_{AH}-U_{SH})}$.

Die Periodendauer T hängt bei gegebenen Schaltschwellen U_{SL} und U_{SH} und fester Ausgangsspannung U_{AH} also noch von der "Zeitkonstante" R·C der äußeren Beschaltung ab. Ein Schaltkreis, der selbständig periodisch von einem Zustand in den anderen umschaltet, wobei ein RC-Glied die Schaltfrequenz bestimmt, wird "Multivibrator" genannt. Wegen der geringen Eingangsströme von CMOS-Schaltkreisen lassen sich mit CMOS-Schmitt-Triggern Multivibra-

toren mit sehr großen Widerstandswerten (R ⩽ 10 MΩ) aufbauen, wodurch sehr niedrige Impulsfrequenzen f=1/T möglich sind
(1/10 H_z ⩽ f ⩽ 10 MHz).

Bei der Multivibratorschaltung in Fig. 2.41 liegen in Reihe mit den Widerständen R_1 und R_2 unterschiedlich gepolte Dioden. Über R_1 wird C aufgeladen (D_2 sperrt) und über R_2 wird C entladen (D_1 sperrt). Damit sind die Auf- und Entladezeiten durch unterschiedliche Werte für R_1 und R_2 unabhängig voneinander einstellbar, wodurch Rechteckimpulse mit variabler Länge t_1 und veränderlichem Abstand t_2 erzeugt werden können. Der Multivibrator ist mit einem NAND-Gatter aufgebaut. Liegt der Eingang X an H, so arbeitet der Multivibrator wie beschrieben. Mit X=L ist Y=H und der Multivibrator arbeitet nicht.

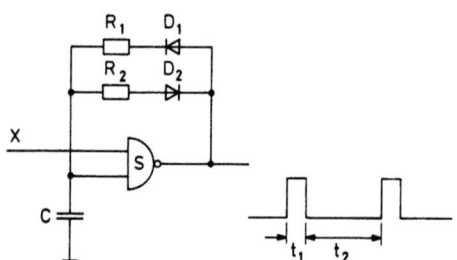

Fig. 2.41: Schaltbild und Ausgangs-Spannungsverlauf eines Multivibrators mit verschieden einstellbaren Lade- und Entladezeiten: es entsteht eine Pulsfolge mit variabler Impulslänge und variablem Pulsabstand

2.5.3 Impulsformung

Es ist häufig notwendig, die Dauer gegebener elektrischer Impulse zu verlängern oder zu verkürzen. Dazu kann man impulsformende Schaltungen mit Schmitt-Triggern einsetzen. Fig. 2.42 zeigt eine Schaltung, die eine positive Eingangsimpulsflanke (Übergang von L nach H) "differenziert" und einen Ausgangsimpuls liefert, dessen Länge gleich der oder kleiner als die des Eingangsimpulses ist.

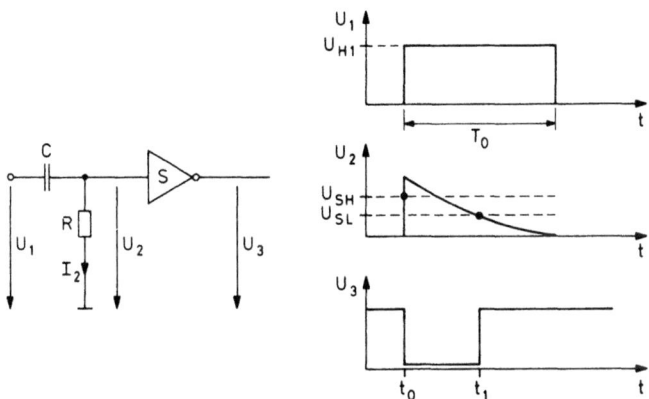

Fig. 2.42: "Differentiation" der Anstiegsflanke eines Rechteckpulses durch einen CR-Hochpaß und Pulsformung mittels Schmitt-Trigger

Durch das RC-Glied wird das Eingangssignal U_1 differenziert: Die steile positive Eingangsflanke wird über den Koppelkondensator C praktisch unabgeschwächt übertragen. Damit erscheint gleichzeitig mit der Impulsflanke ein H-Pegel am Eingang des Schmitt-Triggers, womit der Inverterausgang U_3=L ist. Nun wird der Kondensator C über R aufgeladen, wobei der zeitabhängige Ladestrom $I_2(t)$ durch R fließt und die Spannung $U_2=I_2(t)\cdot R$ am Eingang des Schmitt-Triggers ansteht. Wegen

(2.12) $I(t) = I(0)\exp(-t/RC)$ und $I(0) = U_{1H}/R$

ist

(2.13) $U_2(t) = U_{1H}\exp(-t/RC)$.

Zur Zeit t_1 wird die untere Schaltschwelle U_{SL} erreicht und der Ausgang des Inverters geht wieder in den H-Zustand. Die Länge T des Ausgangsimpulses ist, wegen $U_2(t_1) = U_{SL}$, $T = RC\cdot\ln U_{1H}/U_{SL}$.

Wenn die Eingangsimpulsdauer T_o größer als T ist, wird die Impulsdauer T unabhängig von der Länge T_o des Eingangsimpulses. Falls jedoch $T_o < T$ ist, wird die Rückflanke des Eingangsimpulses vom Koppelkondensator C auf den Schmitt-Trigger-Eingang übertragen, so daß U_2=L und U_3=H wird: Die Impulsdauer T ist dann gleich der Eingangsimpulsdauer T_o:

(2.14)
$$T = R_C \ln U_{1H}/U_{SL} \approx RC \text{ falls } T_o > T,$$
$$T = T_o \text{ falls } T_o < T.$$

Sehr kurze Impulse lassen sich ohne Zuhilfenahme von RC-Gliedern erzeugen, wenn man allein die endliche Signaldurchlaufzeit digitaler Schaltkreise ausnutzt. Das sei anhand von Fig. 2.43 erläutert. Wenn die Spannung U_1 am Eingang der Schaltung in Fig. 2.43 auf L liegt, ist wegen der dreimaligen Invertierung der Ausgang U_4 im H-Zustand. Ändert sich U_1 sehr schnell von L nach H, so dauert es drei Gatterdurchlaufzeiten bis U_4 von H nach L geht.

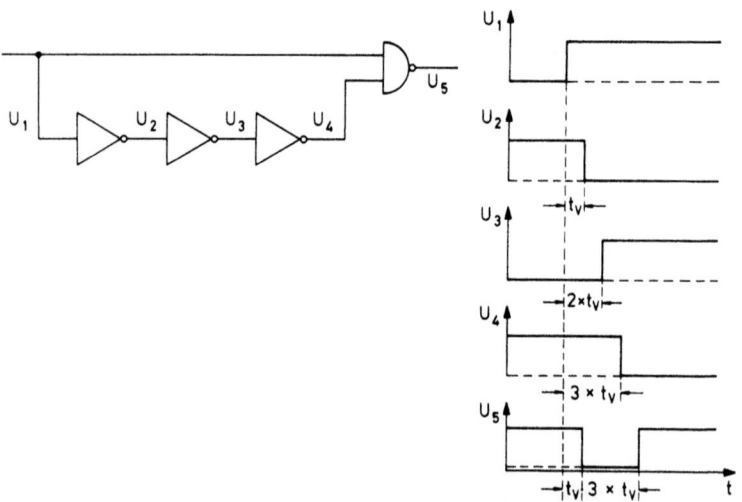

Fig. 2.43: Erzeugung kurzer Pulse durch Ausnutzung der Laufzeitverzögerung von Invertern

Während dieser drei Gatterdurchlaufzeiten sind die Eingänge des NAND-Gatters im H-Zustand, so daß U_5 während dieser Zeit im L-Zustand ist: Mit jeder positiven Flanke von U_1 erscheint am Ausgang der Schaltung ein (negativer) Impuls, dessen Länge drei Gatterdurchlaufzeiten beträgt. (Auch dieser Impuls ist um die Durchlaufzeiten des NAND-Gatters gegenüber U_1 verzögert).

2.5.4 Monostabile Kippschaltungen

Monostabile Kippstufen (<u>Monoflop</u> oder <u>Univibrator</u>) liefern Ausgangsimpulse, deren Länge unabhängig von der Eingangsimpulslänge ist. Fig. 2.44 zeigt ein mit zwei Schmitt-Triggern aufgebautes Monoflop, bei dem durch den Kondensator C eine Rückkopplung der Ausgangsspannung U_{A2} auf den Eingang E_1 erfolgt (wegen der zweimaligen Invertierung ist dies eine Mitkopplung).

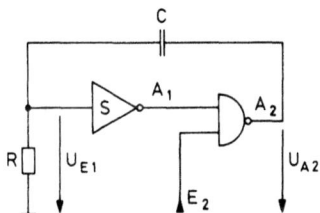

Fig. 2.44: Die Pulslänge des Ausgangssignals A_1 ist bei dieser Schaltung (Monoflop) unabhängig von der Länge des Eingangssignals E_2

Im (stabilen) Ruhezustand ist $U_{E1} = 0$ und der Ausgang A_1 des Inverters S im H-Zustand. Der Eingang E_2 des NAND-Gatters sei ebenfalls im H-Zustand, so daß der Ausgang A_2 im L-Zustand ist. Durch L am Eingang E_2 geht der Ausgang A_2 von L nach H. Diese positive Flanke wird - wie eben beschrieben - durch C und R differenziert, wodurch am Ausgang A_1 ein L-Pegel erscheint, dessen Länge $T = RC \ln U_{A2H}/U_{SL}$ im wesentlichen von R und C bestimmt wird. Dabei ist es unerheblich, ob nach Erscheinen des L-Pegels an A_1 (zwei Gatterlaufzeiten nach L am Eingang E_2) der Eingang E_2 weiter im L-Zustand ist oder nicht. Der Ausgang A_2 des NAND-Gatters bleibt so lange im H-Zustand wie $A_1 = L$ ist.

Es genügt daher ein sehr kurzer Auslöse- oder Triggerimpuls an E_2, um die über C rückgekoppelte Schaltung in einen instabilen Zustand zu "kippen", dessen Dauer wesentlich von der Zeitkonstante RC abhängt. Fig. 2.45 zeigt die Spannungsverläufe am Monoflop.-
Während die Länge des Impulses an A_1 stets gleich T ist, bleibt der Ausgang A_2 des NAND-Gatters mindestens so lange im H-Zustand, wie das Triggersignal am Eingang E_2 im L-Zustand ist.

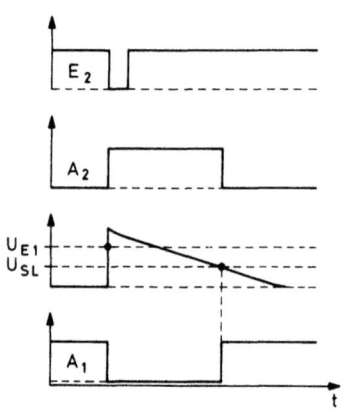

Fig. 2.45: Spannungsverläufe in der Schaltung nach Fig. 2.44

2.6 Bauelemente der digitalen Meßtechnik

2.6.1 Analog/Digital-(A/D-)Wandler

Wie bereits in Abschn. 1.1 erwähnt, steht am Anfang einer digitalen Meßwertverarbeitung ein Wandler, der einer analogen elektrischen Größe - meist einer Spannung - einen digitalen Zahlenwert zuordnet. Ein solcher Analog-Digital-Wandler (A/D-Wandler) stellt einen Spannungswert U_x als eine Binär- oder BCD-Zahl $Z=Z(U_x)$ dar, die angibt, wie oft ein bestimmtes Spannungsintervall ΔU in U_x enthalten ist: $Z=U_x/\Delta U$.- Zur Bestimmung dieses Ziffernwertes Z gibt es verschiedene Digitalisierungsverfahren. Einfach und leicht durchschaubar ist das <u>Rampenverfahren</u>, dargestellt in Fig. 2.46.

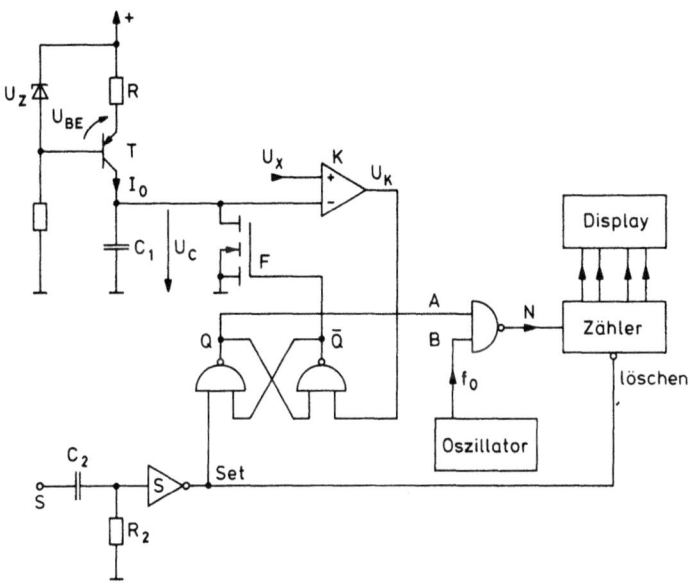

Fig. 2.46: Schaltbild eines A/D-Wandlers nach dem Rampenverfahren

Die Spannung U_X am Eingang des analogen Komparators K soll digitalisiert werden. Wir nehmen an, das RS-Flip-Flop sei zunächst in der Ruhestellung $\bar{Q} = H$, $Q = L$. Dadurch liegt eine positive Spannung am Gate des N-Kanal MOS-FET F, der damit leitend ist und den Kondensator C_1 kurzschließt (entlädt).

Der Transistor T liefert als Konstantstromquelle den Ausgangsstrom $I_o = (U_Z - U_{BE})/R$, der über F abfließt. Der Digitalisierungsvorgang wird gestartet mit der positiven Flanke des Startimpulses S, der durch die Kombination C_2, R_2 differenziert und in einen kurzen Impuls zum Setzen des RS-Flip-Flop und zum Löschen (Nullsetzen) des Impulszählers Z umgeformt wird (Fig. 2.47). Dadurch kippt das Flip-Flop in den Zustand $Q=H$, $\bar{Q}=L$, womit der FET sperrt. Mit dem Konstantstrom I_o wird nun der Kondensator C_1 aufgeladen; seine Spannung steigt gemäß $U_C = I_o \cdot t / C_1 = U_C(t)$ linear mit der Zeit an. Der Komparator K vergleicht die Spannung $U_C(t)$ mit der Eingangs-

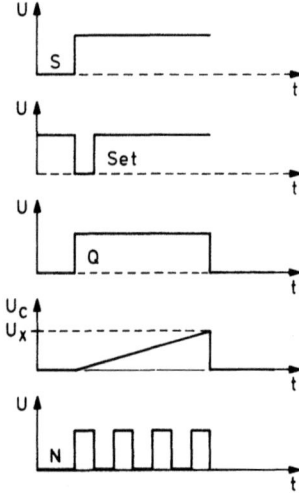

Fig. 2.47: Spannungsverläufe in der Schaltung nach Fig. 2.46

spannung U_X. Die Komparatorausgangsspannung U_K wird null, sobald $U_C(t) = U_X$ ist. Damit wird das RS-Flip-Flop wieder gelöscht. Während der Zeit $t_X = t(U_X) = U_X \cdot C_1/I_0$, die vom Startsignal S = H bis zur Aufladung des Kondensators C_1 auf die Spannung $U_C(t_X) = U_X$ vergeht, ist der Eingang A des NAND-Gatters im Zustand Q = H. Am Eingang B liegen Rechteckimpulse konstanter Frequenz f_0. Die Anzahl N der Rechteckimpulse, die während der Zeit t_X am Ausgang des NAND-Gatters wegen A = H erscheinen und vom Zähler Z gezählt werden, ist $N = t_X \cdot f_0 = U_X \cdot C_1 \cdot f_0/I_0$: Die auf dem Display des Zählers ablesbare Anzahl N der Rechteckimpulse ist der Spannung U_X proportional. Das Ende der A/D-Wandlung wird durch Q = L angezeigt.- Hier wird also die Spannung U_X mit einer linear mit der Zeit ansteigenden (Rampen-)Spannung U(t) verglichen. Der Spannungsanstieg der Rampenspannung während einer Taktperiode $t_0 = 1/f_0$ ist $\Delta U_C = t_0 \cdot I_0/C_1$. Der Zähler zählt, wie oft ΔU_C in U_X enthalten ist:

(2.15) $\qquad N = U_X/\Delta U_C = U_X C_1 f_0/I_0.$

Die Umwandlung wird umso genauer, je größer N, also je kleiner $\Delta U_C = I_0/f_0 C_1$ ist. Andererseits ist bei großem N eine entsprechend lange Zeit $t_X = N \cdot t_0$ zur Wandlung erforderlich. Kurze Meßzeit bei hoher Genauigkeit wird vornehmlich mit hoher Taktfrequenz f_o erreicht. Schnelle A/D-Wandler, die nach dem Rampen- oder Single - Slope-Verfahren arbeiten, werden mit Taktfrequenzen bis zu 100 MHz betrieben. So beträgt z.B. die maximale Konversionszeit eines solchen 16 Bit A/D-Wandlers $2^{16} \cdot 10^{-8}$ s ≈ 655 µs.

2.6.2 Impulshöhen-Analysatoren

Die Strahlungsdetektoren der Kernphysik liefern kurze elektrische Spannungspulse von wenigen Mikrosekunden Dauer, deren Höhe ein Maß für die Energie der vom Detektor absorbierten Strahlung darstellt. Aus der Messung der Impulshöhe der Detektorimpulse läßt sich das Energiespektrum der Strahlenquelle ermitteln.

Eine digitale Impulshöhenmessung ist mit einem modifizierten Rampenverfahren (nach Wilkinson) möglich. Mittels eines Spitzenwertdetektors (Fig. 2.48), wird der Kondensator C auf den Spannungswert des Eingangsimpulsmaximums aufgeladen (Rohe 4.2): Der positive Eingangsimpuls wird auf den nichtinvertierenden Eingang eines Operationsverstärkers OP gegeben und die Spannung des Kondensators, der von der Ausgangsspannung U_A' über die Diode D aufgeladen wird, auf den invertierenden Eingang zurückgeführt. Der Operationsverstärker versucht seine Ausgangsspannung so zu regeln, daß $U_{E-} \approx U_{E+}$ ist. Dies ist nur möglich, wenn $U_A' > U_C$ ist, denn nur dann leitet die Diode. So kann nur während des Impulsanstiegs der Kondensator auf die Spannung $U_C = U_E$ aufgeladen werden. Sobald das Impulsmaximum überschritten wird, gilt $U_E < U_C$, so daß $U_A' < 0$ ist und die Diode D sperrt. Die Gegenkopplung ist damit unterbrochen und die Ausgangsspannung U_A' geht wegen $U_A' = v_o(U_{E+} - U_{E-})$ mit $10^3 < v_o < 10^5$ (v_o = Leerlaufverstärkung; Rohe S. 175) in Richtung negativer Werte bis die maximale negative Ausgangsspannung (begrenzt durch die negative Versorgungsspannung des Operationsverstärkers) erreicht ist (s. Fig. 2.49). Diese negative Ausgangsspannung kann als Signal für das Überschreiten des Impulsmaximums dienen (peak-detect-Signal).

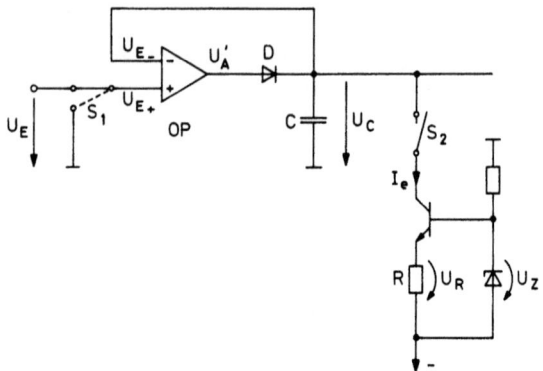

Fig. 2.48: Impulshöhenmessung mittels Spitzenwertdetektor und Konstantstromquelle zur Entladung des Kondensators C, wobei die Entladezeit der Impulshöhe proportional ist

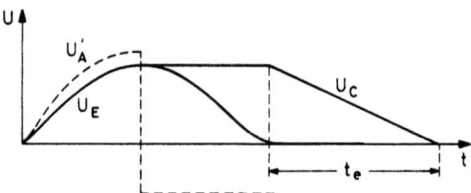

Fig. 2.49: Spannungsverläufe in der Schaltung nach Fig. 2.48

Nun wird der Eingang des Operationsverstärkers mittels eines Multiplexers S_1 (Abschn. 2.4) an Nullpotential gelegt und der Kondensator C von einer Konstantstromquelle über S_2 entladen. Während der Zeit $t_e = U_C \cdot C / I_e$ (s. Fig. 2.49) bis zur Entladung des Kondensators ($U_C = 0$) werden Impulse mit der Frequenz f_o in einen Zähler gegeben. Die Anzahl N der vom Zähler registrierten Impulse stellt ein Maß für die Kondensatorspannung U_{Cmax} und damit für das Impulshöhenmaximum dar. Es sind noch weitere A/D-Wandler entwickelt worden, von denen wir im folgenden zwei zu den "schnellen" Wandlern gehörige besprechen.

A/D-Wandler, die nach dem Umsetzverfahren der sukzessiven
Approximation (oder "Wägeverfahren") arbeiten, weisen gegenüber
denjenigen nach dem Rampen- oder Single-Slope-Verfahren Konversionszeiten auf, die um etwa zwei Größenordnungen kleiner sind.

Die Spannung U_X, die als Digitalwert D dargestellt werden
soll, wird schrittweise durch eine Spannung U_D angenähert, die
proportional zu D ist. Dazu ist ein Schaltkreis erforderlich, der
einer digitalen Größe, der Binärzahl D, eine analoge Spannung U_D
zuordnet. Derartige Digital-Analog-Wandler (D/A-Wandler) werden
im nächsten Abschnitt behandelt. Um das Prinzip der sukzessiven
Approximation zu verdeutlichen, genügt der einfache 2 Bit-D/A-
Wandler gemäß Fig. 2.50, der eine zweistellige Binärzahl (D_1D_0)
in eine analoge Spannung umwandelt. Natürlich ist die Auflösung
dieses 2-Bit-Wandlers für die Praxis viel zu gering. Das hier für
n = 2 Bit beschriebene Approximationsverfahren läßt sich jedoch
leicht auf mehrstellige Wandler übertragen.

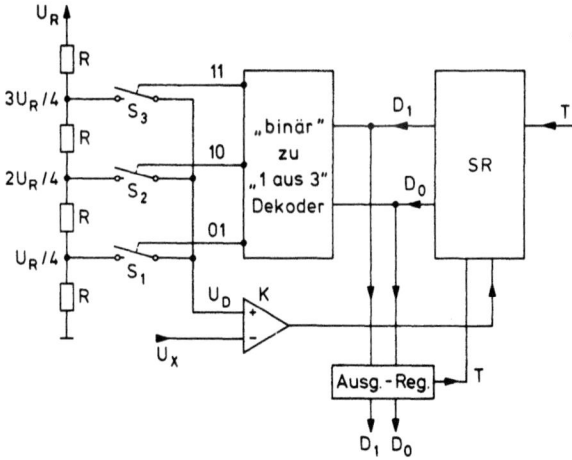

Fig. 2.50: Prinzip eines A/D-Wandlers nach dem Verfahren
der Sukzessiven Approximation

Eine stabile Referenzspannung U_R wird von einem 2^n-stufigen Spannungsteiler in ebenso viele Teilspannungen der Größe $U_R/2^n$ aufgeteilt. Über 2^n-1 Analogschalter S_i (FET) kann jede Teilspannung $i \cdot U_R/2^n$ mit $1 \leq i \leq 2^n-1$ auf den Komparatoreingang U_D geschaltet und mit der zu digitalisierenden Spannung U_X verglichen werden. Nun ist jeder möglichen n-stelligen Binärzahl D ein Dekoderausgang zugeordnet, der den angeschlossenen Analogschalter S_i schließen kann, so daß durch die Binärzahl $D = D_{n-1} \cdot 2^{n-1} + \ldots + D_0 \cdot 2^0$ die Teilspannung $U_D = U_R(D_{n-1}/2 + \ldots + D_0/2^n)$ auf den Komparatoreingang U_D geschaltet wird ($D_i = 0$ oder 1). Die Binärzahl D wird durch das taktgesteuerte Schieberegister SR erzeugt: Mit dem ersten Takt setzt das Register das höchste Bit D_{n-1} mit der Wertigkeit 2^{n-1} auf "1", während alle anderen Bit "0" sind. Dadurch wird die Spannung $U_D = U_R/2$ auf den Komparator geschaltet und mit der Spannung U_X verglichen. Falls $U_X > U_R/2$ ist, wird im zweiten Prüfschritt auch das Bit D_{n-2} auf "1" gesetzt und geprüft, ob $U_X > U_R/2 + U_R/4$ ist. War aber die erste Bedingung nicht erfüllt, so wird $D_{n-1} = 0$ gesetzt und im 2. Schritt geprüft, ob $U_X > U_R/4$ ist. In (mindestens) n Prüfschritten wird auf diese Weise eine immer genauere Approximation der Spannung U_D an U_X gesucht. Ein n-stelliges Register (Ausgabe-Register in Fig. 2.50) hält die einzelnen Prüfergebnisse fest, indem bei jeder erfüllten Prüfbedingung eine "1" in der entsprechenden Registerstelle D_i gespeichert wird und bei Nichterfüllung eine "0". Am Ende des Approximationsverfahrens steht eine Binärzahl $D_{n-1} \ldots D_0$ (D_i hat die Wertigkeit 2^i) am Eingang des Dekoders und am Ausgang des A/D-Wandlers, die angibt, wie oft die Teilspannung $U_R/2^n$ in der Eingangsspannung U_X enthalten ist, und die damit den Digitalwert $D(U_X)$ darstellt.

Ein n-Bit-Approximationsregister führt die A/D-Wandlung in nur n Approximationsschritten aus, wobei ein Schritt in weniger als 1 μs durchgeführt werden kann. Es ist zu beachten, daß sich die Eingangsspannung U_X während der Konversionszeit um möglichst nicht mehr als $U_R/2^n$ ändern sollte, damit die beschriebene Annäherung von U_D an U_X überhaupt sinnvoll durchgeführt werden kann.

<u>Besonders schnelle</u> ("ultraschnelle") <u>A/D-Wandler</u> mit n Bit Auflösung arbeiten mit 2^n-1 analogen Komparatoren. Zur Zeit sind ultraschnelle A/D-Wandler mit 6 bis 8 Bit Auflösung erhältlich.

Bei einem n Bit-Wandler vergleichen 2^n-1 analoge Komparatoren ebenso viele Teilspannungen $i \cdot U_o$ mit $1 \leq i \leq 2^n-1$ eines 2^n-stufigen Spannungsteilers (Fig. 2.51) mit der Eingangsspannung U_X, die parallel an allen Komparatoreingängen liegt. Bei der Eingangsspannung $U_X = i \cdot U_o$ nehmen alle i Komparatoren, die $U_X \geq i \cdot U_o$ feststellen, gleichzeitig (parallel) den Ausgangszustand H an. Daher auch die Bezeichnung **Parallelwandler**. Die Ausgangszustände können mit einem Clock- oder Strobe-Signal in einem 2^n-stufigen Register gespeichert werden. Die Registerausgänge sind mit einem Dekoder verbunden, der eine Binärzahl D = i liefert, die der höchsten Teilspannung $i \cdot U_o \leq U_X$ entspricht. Wegen $D = i = U_X/U_o$ gibt diese Zahl an, wie oft die Teilspannung U_o in U_X enthalten ist.

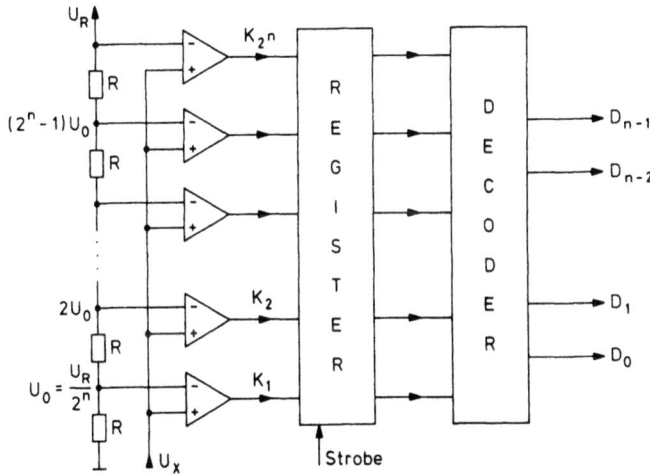

Fig. 2.51: Prinzipschaltbild eines Parallel-A/D-Wandlers

Die Geschwindigkeit dieser A/D-Wandlung hängt nur von der Schaltgeschwindigkeit der Komparatoren (10 ns) und der Signallaufzeit des Registers und Dekoders ab (< 10 ns). Wegen dieser extrem schnellen A/D-Wandlung ist für diese Konverter auch der Name "Flash-Converter" gebräuchlich.

2.6.3 Digital/Analog-(D/A-)Wandler

Während A/D-Wandler das eingangsseitige Koppelglied zwischen der analogen Umwelt und einer digitalen Datenverarbeitungsanlage bilden, können auf der Ausgangsseite Digitalwerte mit Digital-Analog-Wandlern in analoge Spannungen umgeformt werden. So lassen sich z.B. digital berechnete Werte mit D/A-Wandlern auf XY-Schreibern oder Oszillographen-Bildschirmen als analoge Größen darstellen.

Das Prinzip eines D/A-Wandlers soll an Hand des Schaltbildes in Fig. 2.52 erläutert werden. Die Ausgänge D_0 bis D_3 eines vierstufigen Binärzählers B bilden die Binärzahl

$$(2.16) \qquad D = D_3 \cdot 2^3 + D_2 \cdot D^2 + D_1 \cdot 2^1 + D_0 \cdot 2^0 \; ,$$

wobei die D_i nur die Werte "0" $\hat{=}$ L oder "1" $\hat{=}$ H annehmen können, die durch bestimmte Spannungswerte definiert sind. Es sei z.B. "0" $\hat{=}$ 0V und "1" $\hat{=}$ U_H = 5 V. Die Ausgangsspannungen des Binärzählers werden also durch

$$(2.17) \qquad U_0 = D_0 \cdot U_H, \ldots, U_3 = D_3 \cdot U_H \; ,$$

mit D_i = 1 oder 0, beschrieben. Die Spannung am Ausgang des D/A-Wandlers soll proportional zur Zahl D sein, deren Binärdarstellung durch (2.16) gegeben ist:

$$(2.18) \qquad U_A(D) = K \cdot D = K(D_3 \cdot 2^3 + D_2 \cdot 2^2 + D_1 \cdot 2^1 + D_0 \cdot 2^0) \; ,$$

wobei K ein Proportionalitätsfaktor ist.

Diese durch den Klammerausdruck geforderte (gewichtete) Summation läßt sich mittels eines analogen Summierers aus den Ausgangsspannungen U_0 bis U_3 bilden. In Fig. 2.52 ist mit einem gegengekoppelten Operationsverstärker ein Summierer oder "Summenverstärker" mit vier Eingängen dargestellt. Die Wirkungsweise des Summierers beruht auf der hohen Leerlaufverstärkung v_0 des Operationsverstärkers (Rohe 3.2). Weil dessen Ausgangsspannung

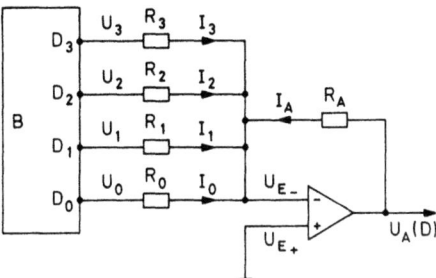

Fig. 2.52: Prinzipschaltbild eines D/A-Wandlers

durch $U_A = v_o(U_{E+} - U_{E-})$ gegeben ist, rufen schon kleine Eingangsspannungsdifferenzen $(U_{E+} - U_{E-})$ eine große Ausgangsspannung U_A hervor. Die Ausgangsspannung U_A wird über den Widerstand R_A auf den invertierenden Eingang zurückgeführt. Die Spannung an diesem Eingang hängt damit von den Eingangsspannungen und der Ausgangsspannung ab: $U_{E-} = U_{E-}(U_o, U_1, U_2, U_3, U_A)$. Wenn man diese Relation explizit aufschreibt und in die Gleichung $U_A = v_o(U_{E+} - U_{E-})$ einsetzt und diese nach U_A auflöst, erhält man den exakten Ausdruck

(2.19) $U_A = U_A(U_o, U_1, U_2, U_3)$.

Vereinfacht kann man sagen: Infolge der hohen Leerlaufverstärkung v_o ist die Spannungsdifferenz $U_{E+} - U_{E-}$ zwischen den beiden Operationsverstärkereingängen sehr klein gegenüber allen anderen hier interessierenden Spannungen, so daß sie vernachlässigt werden kann: $U_{E+} - U_{E-} = 0$ bzw. $U_{E+} = U_{E-}$. Der invertierende Eingang liegt somit wie der nichtinvertierende Eingang des Operationsverstärkers auf Nullpotential (virtuelle Erde). Die Eingangsspannungen U_o bis U_3 und die Ausgangsspannung U_A fallen über den zugehörigen Widerständen R_o bis R_3 und R_A ab, durch die die Ströme $I_o = U_o/R_o, \ldots$, $I_3 = U_3/R_3$ fließen. Da praktisch kein Strom in den Eingang U_{E-} des Operationsverstärkers fließt, ist die Summe der Eingangsströme $I_o + I_1 + I_2 + I_3$ plus dem Strom $I_A = U_A/R_A$, der zum Ausgang fließt, gleich null,

$$U_o/R_o + U_1/R_1 + U_2/R_2 + U_3/R_3 + U_A/R_A = 0 .$$

Damit ergibt sich für die Ausgangsspannung

(2.20) $\quad U_A = -R_A (U_3/R_3 + U_2/R_2 + U_1/R_1 + U_0/R_0)$.

Die Ausgangsspannung U_A ist also gleich der gewichteten algebraischen Summe der Eingangsspannungen.- Wegen Glg. (2.17) ist U_i durch $D_i \cdot U_H$ zu ersetzen, so daß auch

(2.21) $\quad U_A = -U_H R_A (D_3/R_3 + D_2/R_2 + D_1/R_1 + D_0/R_0)$

gilt. Ein Koeffizientenvergleich mit Glg. (2.18) ergibt

(2.22) $\quad K \cdot D_3 2^3 = U_H R_A D_3/R_3 , \ldots , K \cdot D_0 2^0 = U_H R_A D_0/R_0$,

woraus

(2.23) $\quad K = U_H R_A/8R_3 = U_H R_A/4R_2 = U_H R_A/2R_1 = U_H R_A/R_0$

folgt. Die Widerstände im Eingang des Summierers müssen demnach die Bedingung

(2.24) $\quad 8R_3 = 4R_2 = 2R_1 = R_0$

erfüllen. Nach Einsetzen von $K = U_H R_A/R_0$ in Glg. (2.18) erhält man für die Ausgangsspannung des Summierers

(2.25) $\quad U_A(D) = -\dfrac{U_H R_A}{R_0} (D_3 2^3 + D_2 2^2 + D_1 2^1 + D_0 2^0)$.

Jede Spannung $U_A(D)$ ist demnach ein Vielfaches der Spannung

(2.26) $\quad U_A(D=1) = -U_H R_A/R_0$.

Zur Dimensionierung der Widerstände des Summierers muß R_A/R_0 zuerst festgelegt werden. Soll z.B. $U_A(D=1) = U_H/10$ sein, (bei $U_H = 5$ V also $U_A(1) = 0,5$ V), so ist damit das Widerstandsverhältnis $R_A/R_0 = U_A(1)/U_H = 1/10$ bestimmt. Die Absolutwerte sind zwar durch die Belastbarkeit und die Eingangsströme des Operationsverstärkers nach unten und oben hin begrenzt, jedoch in sehr weiten Grenzen frei wählbar. Mit der Festlegung $P_A = 100$ kΩ ist

$R_0 = 1$ MΩ und $R_1 = 500$ kΩ, $R_2 = 250$ kΩ und $R_3 = 125$ kΩ, womit alle Widerstände des Summierers bestimmt sind. Fig. 2.53 zeigt den treppenförmigen Verlauf der Ausgangsspannung U_A als Funktion der Binärzahl D. Die Stufenhöhe ist gemäß unserer Festlegung $U_A(1) = 0,5$ V.

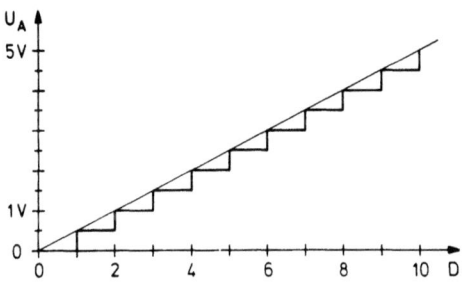

Fig. 2.53: Treppenförmiger Verlauf der Ausgangsspannung eines D/A-Wandlers

Die Güte der D/A-Wandlung hängt von der Genauigkeit der Widerstandswerte und der Stabilität der Spannung U_H wesentlich ab. Im Prinzip beruht die hier beschriebene Form der D/A-Wandlung auf der Summation der Ströme I_0 bis I_3, die, abhängig vom digitalen Wert D mit $D_i = $ "1" ein- und mit $D_i = $ "0", ausgeschaltet werden können.

Die meisten D/A-Wandler verwenden schaltbare Stromquellen, deren Ausgangsstrom der Wertigkeit des schaltenden Bits entspricht. Durch die Summation der geschalteten Ströme wird das analoge Äquivalent des digitalen Eingangswertes gebildet. Fig. 2.54 zeigt einen D/A-Wandler, dessen Stromquellen von PNP-Transistoren gebildet werden, an deren Basis die Referenzspannung U_R liegt. Der Kollektorstrom $I_C = (U_V - U_R - U_{BE})/R$ ist wegen des hohen differentiellen Ausgangswiderstandes eines stromgegengekoppelten Transistors praktisch unabhängig von dessen Kollektorspannung (Rohe 2.2.3). Daher können die Ausgangsströme der einzelnen Transistoren (Stromquellen) mittels der Analogschalter S_i (FET) rückwirkungsfrei zusammengeschaltet und addiert werden. Ordnet man den Schalterstellungen von S_0 bis S_3 die Wertigkeiten "0" für geöffnet

und "1" für geschlossen zu, so kann der Summenstrom durch die
Formel

(2.27) $I_S = I_C(S_3 + S_2/2 + S_1/4 + S_0/8)$

beschrieben werden: Der Summenstrom ist proportional zur Binärzahl
$S_3S_2S_1S_0$ (S_i = Wertigkeit 2^i).

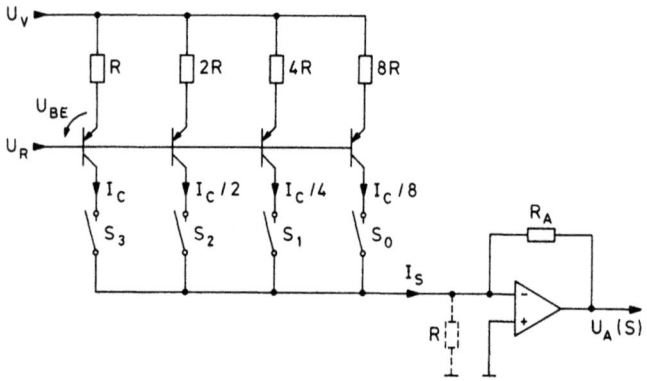

Fig. 2.54: D/A-Wandler mit PNP-Transistoren als
schaltbaren Stromquellen

Der Strom I_S wird entweder über einen Widerstand R in die ihm
proportionale Spannung $U_S = I_S R$ umgewandelt oder besser mittels
eines Operationsverstärkers gemäß Fig. 2.54, der als Strom-Spannungswandler arbeitet. Der invertierende Eingang liegt auf virtueller Erde, so daß die Ausgangsspannung U_A ganz über R_A abfällt.
Der Strom I_S fließt zum Ausgang hin ab,

(2.28) $I_S + I_A = 0$, $I_S = -I_A = -U_A/R_A$, $U_A = -I_S \cdot R_A$.

Sehr elegant läßt sich die <u>Digital-Analog-Wandlung</u> mit einem
"R-2R-Widerstandsnetzwerk" durchführen (<u>R-2R-Wandler</u>). Am Ausgang
D_0 eines Binärzählers sei ein Spannungsteiler, bestehend aus zwei
Widerständen der Größe 2R angeschlossen (Fig. 2.55). Die Ausgangs-

spannung U_O kann die Werte 0 und U_H entsprechend den Zuständen
$\bar{D}_O = L = "0"$ und $D_O = H = "1"$ annehmen. Die Ausgangsspannung des
Spannungsteilers U_A ist demnach entweder $U_A = 0$ oder $U_A = U_H/2$.
Allgemein: $U_A = D_O \cdot U_H/2$, mit $D_O = 0$ oder 1.

Vom Ausgang U_A aus gesehen ist der Innenwiderstand R_I des
Spannungsteilers gleich dem der Parallelschaltung der beiden Widerstände 2R, also $R_I = R$ (Rohe S. 23). Das Ersatzschaltbild des
Spannungsteilers ist eine Spannungsquelle mit dem Innenwiderstand
$R_I = R$ und den Leerlaufspannungen $U_{AO} = 0$ bzw. $U_H/2$ (Fig. 2.55):
$U_{AO} = D_O U_H/2$. Nun erweitern wir unseren einstufigen "D/A-Wandler"
gemäß Fig. 2.56. In Fig. 2.57 ist die gesamte erste Stufe des
Netzwerkes durch ihr Ersatzschaltbild ersetzt.

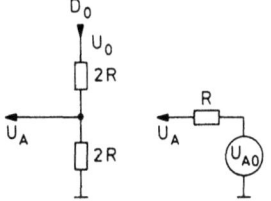

Fig. 2.55:
Element eines R-2R-Netzwerkes

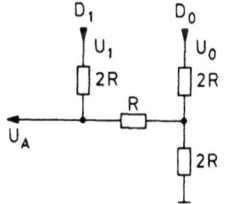

Fig. 2.56:
Erweiterung des Netzwerkes von
Fig. 2.55 als 2 Bit-D/A-Wandler

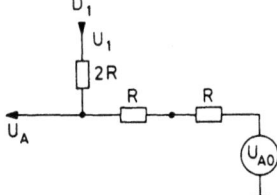

Fig. 2.57:
Ersatzschaltbild des Netzwerkes
gemäß Fig. 2.56

Man sieht, daß auch der Innenwiderstand dieses Netzwerkes von U_A aus gesehen $R_I = R$ ist (2R parallel zu R + R). Die Ausgangsspannung U_A ist gleich der Leerlaufspannung U_{AO} der ersten Stufe, vermindert oder vermehrt um den Spannungsabfall am nachgeschalteten Spannungsteiler R - R - 2R:

a) Im Falle $U_1 = 0$ ist $U_A = 1/2\ U_{AO} = D_O \cdot U_H/4$.

b) Im Falle $U_1 = U_H$ fließt durch die Widerstände der Strom
$I = (U_1 - U_{AO})/4R$.

Dieser Strom ruft an beiden Widerständen R den Spannungsabfall $I \cdot 2R$ hervor, so daß am Ausgang die Spannung

$U_{A1} = U_{AO} + I \cdot 2R = U_{AO} + (U_1 - U_{AO})/2$

$= U_1/2 + U_{AO}/2 = U_H(D_1/2 + D_O/4)$ mit $D_i = 1$ oder 0

erscheint. Die möglichen Ausgangsspannungen als Funktion der Eingangsspannungen $U_1 = D_1 U_H$ bzw. $U_O = D_O U_H$ sind in Tab. 2.8 aufgeführt. Die Ausgangsspannung U_{A1} steigt in Sprüngen von $U_H/4$ proportional zur binär-kodierten Zahl $D_1 D_O$ an. Fig. 2.58 zeigt das Ersatzschaltbild dieses zweistufigen D/A-Wandlers.- In gleicher Weise läßt sich das Widerstandsnetzwerk um weitere Stufen ausbauen. Die Ausgangsspannung eines n-stufigen R-2R-Netzwerkes ist ein Vielfaches von $U_H/2^n$.-

D_1	D_O	U_{A1}
0	0	0
0	1	$U_H/4$
1	0	$2 \cdot U_H/4 = U_H/2$
1	1	$3U_H/4$

Tab. 2.8

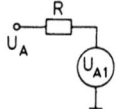

Fig. 2.58: Ersatzschaltbild eines 2-stufigen D/A-Wandlers von Fig. 2.56 bzw. 2.57

Diese leicht erweiterbaren R-2R-Netzwerke haben unabhängig von der Stufenzahl stets den Innenwiderstand R. Um die Belastung der digitalen Spannungsquellen U_O bis U_n so gering wie möglich zu halten, sollten die Widerstände des Netzwerkes möglichst hochohmig sein. Die Ausgangsspannung U_A sollte am Ausgang eines Spannungsfolgers mit hochohmigem Eingang abgenommen werden. Fig. 2.59

zeigt einen 4-Bit-D/A-Wandler, der den digitalen Ausgangswert eines CMOS-Zählers in eine analoge Spannung umsetzt (CMOS-Schaltkreise eignen sich gut als digitale Spannungsquellen). Es ist $U_A = U_H(D_3/2 + D_2/4 + D_1/8 + D_0/16)$ mit $D_i = 0$ oder 1 und der Wertigkeit 2^i.

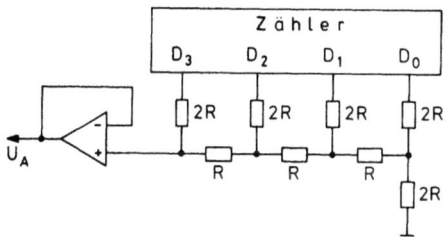

Fig. 2.59: Schaltbild eines 4-Bit-D/A-Wandlers mit R-2R-Netzwerk

2.6.4 Nachlauf-A/D-Wandler

Die bisher beschriebenen A/D-Wandler (Abschn. 2.6.1) arbeiten nur dann einwandfrei, wenn die Eingangsspannung während der Konversionszeit konstant ist. Fig. 2.60 zeigt einen "Nachlauf-A/D-Wandler" (Tracking A/D), der eine veränderliche Eingangsspannung U_X digitalisiert, wobei die digitalen Ausgangswerte den Eingangsspannungsänderungen automatisch nachfolgen.

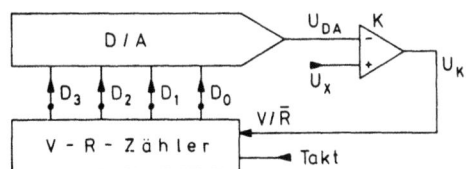

Fig. 2.60: Prinzipschaltbild eines Nachlauf-A/D-Wandlers zur Digitalisierung der Eingangsspannung U_X

Die Spannungspulse des freilaufenden Taktgenerators T werden von einem Vorwärts-Rückwärtszähler (Abschn. 2.3.3) gezählt. Die Zählrichtung Vorwärts/Rückwärts hängt von der Ausgangsspannung U_K des analogen Komparators K ab, der die Eingangsspannung U_X mit der Ausgangsspannung U_{DA} des D/A-Wandlers vergleicht, die wiederum dem Zählerstand D und damit dem digitalen Ausgangswert $D_n \ldots D_0$ proportional ist.

Falls $U_X > U_{DA}$ ist, wird $U_K = H$ und der Zähler zählt vorwärts (V). Falls $U_X < U_{DA}$ ist, wird $U_K = L$ und der Zähler zählt rückwärts ($\bar{R}$). Dadurch wird die Spannung U_{DA} fortlaufend mit der Spannung U_X verglichen und dieser nachgeführt. Auch bei $U_X = $ const. ändert sich der Ausgang des Zählers mit der Frequenz des Taktgenerators um einen Binärschritt, weil U_{DA} abwechselnd um eine Digitalisierungsstufe größer oder kleiner ist als U_X.

2.6.5. Spannungs/Frequenz-Wandler (U/F-Wandler)

Eine weitere Möglichkeit, eine analoge Spannung in einen Digitalwert umzuformen, bietet die Kombination eines Spannungs-Frequenz-Wandlers (U/F-Wandler) mit einem Frequenzzähler: Der U/F-Wandler ist ein spannungsgesteuerter Oszillator mit Digital-Impuls-Ausgang, dessen Ausgangsimpuls-Frequenz proportional zur Eingangsspannung U_X ist. Ein Digital-Zähler, der diese Impulse mit der Frequenz f während der Meßzeit t registriert, zählt $N = f \cdot t$ Impulse. Wegen $f \sim U_X$ ist der Zählerinhalt N proportional zur Eingangsspannung U_X des U/F-Wandlers: $N \sim U_X \cdot t$. Fig. 2.61 veranschaulicht das Prinzip eines einfachen U/F-Wandlers.

Die Eingangsspannung U_X liegt am nichtinvertierenden Eingang des Operationsverstärkers OP. Dessen Ausgangsspannung U_{AO} liegt an der Basis eines NPN-Transistors T_1, der als Stromquelle arbeitet. Die Spannung $U_R = U_{AO} - U_{BE}$ über dem Widerstand R wird auf den invertierenden Eingang des Operationsverstärkers zurückgeführt. Infolge dieser Gegenkopplung stellt der Operationsverstärker seine Ausgangsspannung U_{AO} so ein, daß $U_R \approx U_X$ ist. Durch R und T_1 fließt unabhängig von dessen Kollektorspannung U_C der Strom

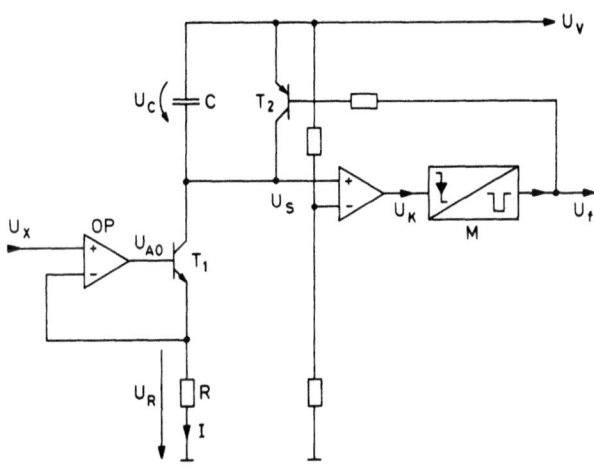

Fig. 2.61: Prinzipschaltbild eines U/F-Wandlers mit einem Monoflop M, dessen Pulsfrequenz $f = 1/t_X$ proportional zur Eingangsspannung U_X ist

$I = U_R/R = U_X/R$. Diese Schaltung stellt somit eine spannungsgesteuerte Stromquelle dar. Der Strom I lädt den Kondensator C auf: $I = C \cdot dU/dt$. Der Transistor T_2 ist zunächst gesperrt. Der Komparator K vergleicht die infolge des Ladestroms I ansteigende Spannung

$$U_C = -\frac{1}{C} \int^t I\, dt = \frac{1}{RC} \int^t U_X\, dt = U_X \cdot t/R \cdot C \quad \text{(falls } U_X = \text{const.)}$$

mit der festen Vergleichsspannung U_S. Der Kondensator wird in der Zeit $t_X = RC \cdot U_S/U_X$ von 0 auf $U_C = U_S$ aufgeladen. Sobald $U_C = U_S$ ist, wird die Ausgangsspannung U_K des Komparators positiv. Dadurch wird ein Monoflop M getriggert, das einen kurzen Ausgangsimpuls liefert. Mit diesem Impuls wird der Transistor T_2 eingeschaltet, der den Kondensator C schnell wieder entlädt. Danach beginnt der Aufladevorgang aufs Neue, usw.- Abgesehen von der sehr kurzen Entladezeit $t_e \ll t_X$ erscheinen die Monoflop-Impulse im zeitlichen Abstand t_X bzw. mit der Frequenz $f = 1/t_X = U_X/U_S \cdot RC$, die somit der Eingangsspannung U_X proportional ist (Fig. 2.62).

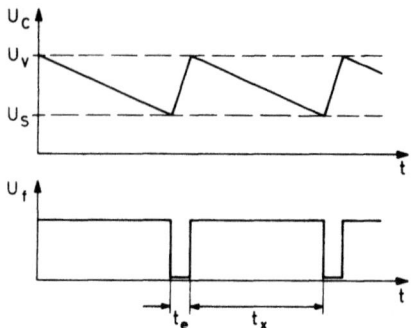

Fig. 2.62: Spannungsverläufe des U/F-Wandlers gemäß Fig. 2.61

Während der Transport analoger Spannungen und Ströme über lange Leitungen wegen unvermeidlicher Leitungswiderstände und wegen Störspannungseinkopplung oft nicht mit der Genauigkeit möglich ist, die von einer Meßwerterfassungsanlage gefordert wird, lassen sich Digitalimpulse recht problemlos über weite Strecken übertragen. Dabei ist es auch möglich, die spannungsproportionale Impulsfrequenz über große Potentialunterschiede zwischen Spannungsgeber (der Meßspannung U_x) und dem Signalempfänger (evtl. Digitalzähler) mittels Optokoppler oder Impulstransformator zu übertragen. Spannungs-Frequenzwandler werden daher oft zur Übertragung von Meßwerten zu weit entfernten Datenverarbeitungsanlagen eingesetzt.

3 Mikroprozessor und Mikrocomputer

In den vorhergehenden Kapiteln wurde gezeigt, daß digitale Schaltungen prinzipiell mit NAND- oder NOR-Gattern aufgebaut werden können, und daß bestimmte Schaltungseinheiten wie Flip-Flop, Zähler, Monoflop usw. in fast allen digitalen Schaltungen zu finden sind. Viele Halbleiterhersteller haben daher komplexe Digitalschaltungen wie Vorwärts-Rückwärtszähler, Schieberegister, Addierer usw., die universell verwendet werden können, in integrierter Form auf Siliziumchips gefertigt. So sind in TTL- oder CMOS-Technologie weit über 100 verschiedene Digitalschaltkreise erhältlich.

Bei der Schaltungsentwicklung ist es dem Geschick des Einzelnen überlassen, aus der Fülle des Angebotes die für das Problem bestgeeigneten Bausteine auszusuchen und so miteinander zu verbinden, daß die gestellte Aufgabe mit größter Sicherheit bei minimalem Aufwand gelöst wird. Jede Problemlösung mit integrierten Schaltkreisen erfordert andere Bausteine und eine andere Verdrahtung. Man bezeichnet die Gesamtheit der fest verschalteten Bauelemente einschließlich der Verbindungsleitungen als "Hardware". Im allgemeinen ist die Hardware-Entwicklung und -Modifikation material- und zeitaufwendig, d.h. teuer. Änderungen und Verbesserungen bereits bestehender Schaltungen sind oft nur schwer durchführbar. Ideal wäre eine universell einsetzbare Hardware oder besser ein universeller, integrierter Digitalschaltkreis mit mehreren Ein- und Ausgängen, dessen Funktion vom Anwender durch Eingabe bestimmter elektrischer Signale festgelegt werden könnte, d.h. ein Schaltkreis mit programmierbarer Funktion. Der Schlüssel zur Lösung einer so universellen Aufgabenstellung heißt "Mikroprozessor". Laut Definition ist ein Mikroprozessor eine integrierte Schaltung, welche die zentrale Steuereinheit einer Datenverarbeitungsanlage enthält. Ein Mikroprozessor allein ist nicht arbeitsfähig. Er ist nur der zentrale Bestandteil einer programmierbaren, digitalen Datenverarbeitungsanlage oder eines Mikrocomputersystems.

3.1 Komponenten eines Mikrocomputer-Systems

Ein **minimales Mikrocomputer-System** besteht aus vier Einheiten.

1. Der **Mikroprozessor**, abgekürzt CPU (Central Processing Unit = Zentrale Steuereinheit), ist das Herzstück der Anlage. Die CPU ist ein sehr komplexer Digitalschaltkreis, bestehend aus Registern, arithmetischen und logischen Schaltkreisen, mit denen das "Rechenwerk" realisiert wird, und einem "Steuerwerk" zur Koordinierung der Schaltvorgänge, die zur Abarbeitung einer Arbeitsanweisung (eines Befehls) erforderlich sind. Je nach Anzahl der Datenbits, die die CPU in einem Arbeitsschritt (parallel) verarbeiten kann, unterscheidet man 4-, 8- oder 16-Bit-Mikroprozessoren. Auch die Arbeitsanweisungen an den Prozessor, die "Befehle", bestehen aus 4 bis 16 Bit breiten Digitalwerten, die man als Binär- oder Hexadezimalzahlen interpretieren kann. Durch Eingabe solcher Befehle kann der Mikroprozessor elementare digitale Operationen ausführen, wie digitale Daten einlesen, ausgeben oder speichern, addieren, subtrahieren usw. Der Mikroprozessor ist mit einem externen Programmspeicher verbunden, aus dem er selbsttätig seine Befehle holt. Diverse Komponenten seines Steuerwerks wie Befehlsregister, Befehlsdekoder und Programmschrittzähler sorgen für die Befehlsdurchführung und den Aufruf der Befehle.

2. **Programmspeicher** enthalten die Befehle, die der Mikroprozessor ausführen soll in Form mehrstelliger (meist 8-stelliger) Digitalwerte, die man als Binär- oder Hexadezimalzahlen interpretieren kann. Programmspeicher werden auch Festwertspeicher oder ROM (Read Only Memory = Nur-Lese-Speicher) genannt. Abgestimmt auf die am weitesten verbreiteten 8-Bit-Mikroprozessoren beinhalten die meisten Festwertspeicher eine sehr große Anzahl 8 Bit breiter Speicherplätze, deren Inhalt über 8 Datenleitungen parallel ausgelesen werden kann. Jeder Speicherplatz hat eine "Hausnummer", eine Adresse. Wenn an die Adressleitungen des Festwertspeichers eine Adresse in digitaler, binär kodierter Form angelegt wird, erscheint an den Datenausgängen des ROM der Inhalt des adressierten Speicherplatzes. Dies ist eine Digitalinformation, die die CPU als Befehl interpretieren kann.

3. **Datenspeicher** - RAM genannt (Random Access Memory = Speicher mit wahlfreiem Zugriff, <u>Schreib-Lese-Speicher</u>) dienen der CPU als Arbeitsspeicher zur Aufnahme von Zwischenergebnissen und zur Speicherung errechneter Daten. Ein RAM besteht aus einer großen Anzahl setz- und löschbarer Digitalspeicher (RS-Flip-Flop, Abschn. 2.3.1). Mehrere, einzeln setz- und löschbare Flip-Flops (meist 8) bilden einen parallel über die Datenleitung mit Daten beschreibbaren oder auslesbaren Speicherplatz. Wie beim ROM hat jeder Speicherplatz eine Adresse. Der H- oder L-Zustand einer speziellen Steuerleitung (Schreib-Lese-Leitung) entscheidet, ob über die Datenleitung in einen adressierten Speicherplatz Daten eingeschrieben oder ausgelesen werden können.

4. <u>Ein- und Ausgabeeinheiten</u> (Input/Output Einheiten = I/O-Einheiten) verbinden das Mikroprozessorsystem mit der Außenwelt. Sie werden als PORT bezeichnet, weil sie gewissermaßen das Tor darstellen, durch das der Datentransport vom System nach außen und umgekehrt abgewickelt wird. Ein PORT ist eine Einheit mit mehreren (meist 8) parallelen Anschlüssen, über die der Mikroprozessor digitale Daten empfangen oder senden kann. Auch ein PORT hat im Mikroprozessorsystem eine Adresse und wird von der CPU ähnlich wie ein RAM-Speicherplatz gelesen (wenn Daten von außen empfangen werden) oder beschrieben (wenn Daten nach außen gesendet werden sollen).

3.2 Das Bussystem

In einem Mikrocomputersystem sind alle in Abschn. 3.1 genannten Einheiten CPU, RAM, ROM und PORT durch mehradrige elektrische Leitungssysteme - sogenannte <u>Bussysteme</u> - parallel miteinander verbunden (Fig. 3.1). Man unterscheidet drei Bussysteme:

1. <u>Der Datenbus</u>
Entsprechend der Anzahl der Bits, die die CPU parallel verarbeiten kann, besteht der Datenbus aus 4 bis 16 parallelen Leitungen. Über den Datenbus kann die CPU Daten aus dem Programmspeicher (ROM) auslesen, die sie als Befehle interpretiert. Die CPU schreibt

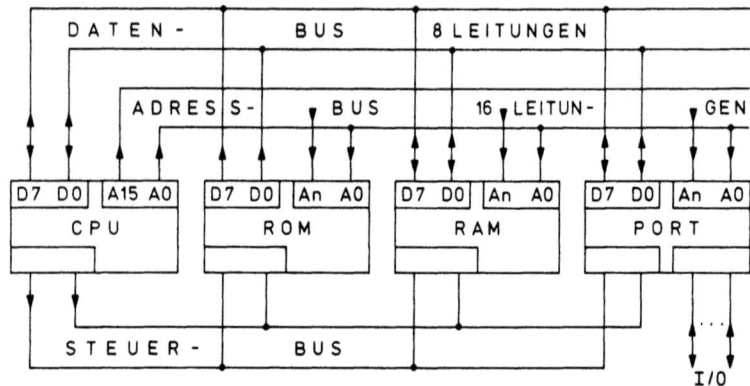

Fig. 3.1: Der Mikroprozessor (CPU) ist über mehradrige Leitungssysteme (Bus) mit Festwertspeicher (ROM), Arbeitsspeicher (RAM) und der Ein-Ausgabeeinheit (PORT) verbunden

Daten über den Datenbus in den Schreib-Lesespeicher (RAM) und die I/O-Einheiten (PORT) und liest Daten aus diesen Einheiten aus. Die CPU sendet oder empfängt also Daten über den Datenbus, der als "bidirektionaler Datenweg" bezeichnet wird.

2. Der Adressbus

RAM und ROM sind digitale Speicher mit einer großen Anzahl von Speicherplätzen. Jeder Speicherplatz und jede Eingabe/Ausgabe-Einheit hat im Mikroprozessorsystem eine bestimmte Adresse. Diese physikalische Adresse wird durch Adress-Dekoder (also durch Hardware) in eindeutiger Weise jedem Speicherplatz zugeordnet. Nur derjenige Speicher, dessen physikalische Adresse mit der von der CPU über den Andressbus ausgegebenen binärkodierten, logischen Adresse übereinstimmt, kann mit der CPU Daten über den Datenbus austauschen. Die meisten 8-Bit-Mikroprozessoren haben einen 16 Bit breiten Adressbus, über den $2^{16} = 2^6 \cdot 2^{10} = 64 \cdot 1024 = 64\,\mathrm{K}^* = 65536$ Speicherplätze adressiert werden können.

---

* 1 K = 1024

3. Der Steuerbus

Von der CPU gehen Steuerleitungen zu den angeschlossenen Einheiten, die den Steuerbus bilden. Über diese Leitungen sendet die CPU Zustandsinformationen wie Schreib- oder Lese-Zustand für RAM und I/O, sowie Lösch- bzw. Initialisierungssignale beim Einschalten des Mikroprozessorsystems und Synchronisierungsimpulse. Eine Zusammenfassung der Bus-Aktivitäten zeigt Fig. 3.2.

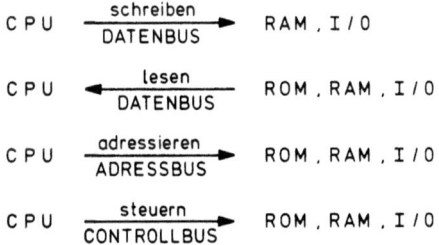

Fig. 3.2: Zur Funktion der Bus-Systeme

3.3 Festwertspeicher (ROM)

Die wichtigste Eigenschaft eines Mikroprozessorsystems ist seine Programmierbarkeit. Welche Funktion ein Mikroprozessorsystem ausführt, hängt von der im Programmspeicher enthaltenen Befehlsfolge, dem Programm, ab und natürlich von der Peripherie, die über die I/O-Einheit Daten mit der CPU austauscht. Ein und dasselbe Mikroprozessorsystem kann sowohl als Rechner wie auch als Meßwertverarbeitungsanlage oder als Maschinensteuerung arbeiten.

Das Programm in Form einer Folge digital codierter Befehle ist im Festwertspeicher (ROM) gespeichert. Bei einem 8-Bit-Mikroprozessor bestehen die Befehle aus 8 Bit breiten Digitalwerten. Eine 8-Bit-Information nennt man "Byte". Die 8 Bit eines Byte teilt man der Übersichtlichkeit halber in 2 Tetraden auf, die man als "Nibble" bezeichnet (Fig. 3.3).

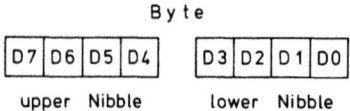

Fig. 3.3: Ein Byte besteht aus 8 Bit (D_0 bis D_7). Je 4 Bit bilden ein "Nibble", das als Hexadezimalzahl interpretiert wird

Ein Nibble wird als Hexadezimalzahl gelesen. Wie in Abschn. 1.7.1 beschrieben, werden Binär-Werte 0000B bis 1111B (B=Binär) durch die Hexadezimalzahlen 0 bis F wiedergegeben. Ein Byte wird also durch die Hexadezimalzahlen 00H bis FFH (entsprechend 0 bis 255) dargestellt (H=hexadezimal).

Beispiel: Das Byte 1010 0101B wird durch die Hexadezimalzahl A5H wiedergegeben (s. Tabelle 1.7.1 in Abschn. 1.7.1).

Die CPU holt einen Befehl aus dem Programmspeicher, indem sie die Adresse des Befehls auf den Adress-Bus gibt und damit den Programmspeicher veranlaßt, den Inhalt der adressierten Speicherzelle - ein Byte - auf den Datenbus zu geben. Die CPU liest das Byte, decodiert die darin enthaltene Befehlsinformation und führt den Befehl aus. Danach wird der nächste Befehl aufgerufen, dessen Adresse im allgemeinen auf die des vorhergehenden Befehls folgt.

In einem ROM sind Befehle oder Daten in einer Diodenmatrix gespeichert. Die Zuordnung der gespeicherten Befehle zu den Adressen wird durch einen Adress-Dekoder bewirkt. Das Prinzip eines ROM zeigt Fig. 3.4. Die binäre Adresse (hier nur 2 Bit) wird über die Adress-Leitungen $A_0 = 2^0$ und $A_1 = 2^1$ an den Adressdekoder gegeben. Jeder binären bzw. hexadezimalen Adresse entspricht ein Dekoderausgang, der positives Potential annimmt, wenn die zugeordnete Adresse anliegt: Der Ausgang a_0 geht in den Zustand H, wenn die Adresse 0H, also $A_0 = 0$, $A_1 = 0$ anliegt, der Ausgang a_1 geht in den Zustand H, wenn die Adresse 1H anliegt, also $A_0 = 1$, $A_1 = 0$, usw.

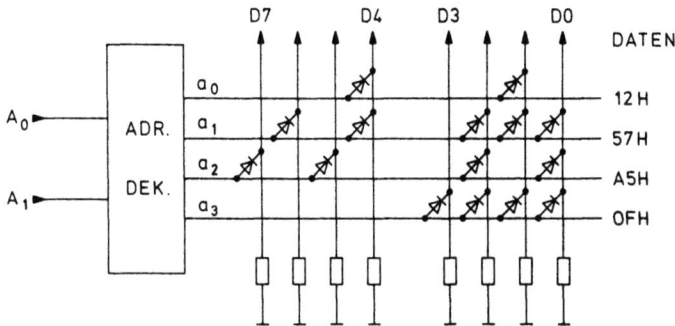

Fig. 3.4: Adressdekoder und Diodenmatrix bilden einen
Festwertspeicher (ROM)

Jeder Ausgang des Adress-Dekoders kann über Dioden so mit den
Datenleitungen D_0 bis D_7 verbunden werden, daß beliebige Datenleitungen gleichzeitig mit dem Adressdekoder-Ausgang positiv werden.
Durch Einbau von Dioden an den Schnittpunkten von Dekoderausgang
und Datenleitung kann so jeder dekodierten Adresse ein beliebiges
Datenmuster in Form von "1"-und "0"-Zuständen auf den Datenleitungen
zugeordnet werden. Jeder gespeicherten "1" entspricht eine Diode,
jeder "0" ein unbeschalteter Kreuzungspunkt (vgl. Abschn. 2.1).

Ein Daten-Byte oder ein Befehl wird im ROM in einer bestimmten Diodenanordnung gespeichert. So kann ein ganzes Programm in
einer Diodenmatrix untergebracht werden, deren Zeilen die vom
Adressdekoder adressierbaren Befehle darstellen. Derartige Festwertspeicher werden in integrierter Form von Halbleiterherstellern gefertigt. Man spricht von "maskenprogrammierten" ROM, weil
zu ihrer Herstellung Schablonen oder Masken benötigt werden, die
bei den angewandten Diffusionsprozessen die Diodenanordnung festlegen. Die Produktion maskenprogrammierter ROM lohnt sich nur für
Großserien.

Will man selbst ein Programm in einen Festwertspeicher einschreiben, so benötigt man ein **programmierbares ROM**, engl.:
Programmable Read Only Memory (abgekürzt: PROM). Ein PROM besteht

ähnlich wie ein ROM aus Adressdekoder und Diodenmatrix. Nur sind beim PROM an <u>allen</u> Kreuzungspunkten der Adressdekoderausgänge und Datenleitungen Dioden eingebaut, so daß mit jeder Adresse alle Datenleitungen in den "1"-Zustand gehen können. Die Programmierung eines bestimmten Bit-Musters wird dadurch erreicht, daß nach Anlegen einer Adresse durch Einspeisung eines Stromimpulses in diejenige Datenleitung, deren Zustand "0" sein soll, die unerwünschte Diode weggebrannt wird. Wenn ein solches PROM einmal programmiert ist, sind Änderungen nur insofern möglich, als "1"-Zustände in "0"-Zustände durch Entfernen weiterer Dioden umprogrammiert werden können. Da nachträgliche Programmänderungen somit praktisch unmöglich sind, eignen sich PROM nur zum Speichern erprobter Programme. In der Programmentwicklungsphase ist der Einsatz von PROMs als Programmspeicher recht kostspielig.

Durch spezielle MOS-FET anstelle der Dioden an den Matrix-Kreuzungspunkten wurde der Bau von <u>löschbaren</u> (erasable) <u>PROM</u>, abgekürzt <u>EPROM</u>, möglich, deren Inhalt beliebig oft programmiert und wieder gelöscht werden kann.

Fig. 3.5 zeigt einen speziellen selbstsperrenden N-Kanal MOS-FET (Anreicherungstyp), dessen Steuer- oder Select-Gate G mit dem Adressdekoder-Ausgang, und dessen Drain D mit einer Datenausgangsleitung verbunden ist. Die Source S (vgl. Abschn. 1.5.5) liegt auf Null-Potential. Unmittelbar unter dem Select-Gate ist - eingebettet in isolierendes Silizium-Oxid oder Silizium-Nitrit - ein nicht mit der Außenwelt verbundenes zweites Gate, das "Floating Gate" F angeordnet.- Zur <u>Programmierung</u> dieser EPROM-Speicherzelle wird eine relativ hohe Programmierspannung (ca. 20 V) zwischen Select-Gate G und Drain-Elektrode D gelegt. Infolge der hohen elektrischen Feldstärke durchdringen einige energiereiche Elektronen die isolierende Schicht und sammeln sich auf dem Floating-Gate F, das dadurch negativ aufgeladen wird (womit der Transistor "programmiert" ist). Die gespeicherte Elektronenladung kann unter normalen Betriebsbedingungen nicht durch die Isolationsschicht abfließen. Die Isolation ist so gut, daß bei einer Betriebstemperatur von 125°C erst nach 10 Jahren ein nennenswerter Teil der Ladung abgeflossen ist! Die gespeicherte

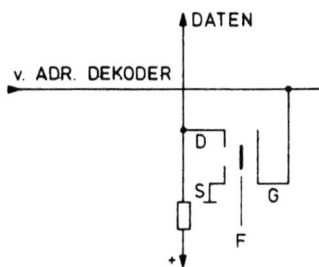

Fig. 3.5: MOS-FET mit Floating-Gate F als programmierbares
digitales Speicherelement

negative Ladung verschiebt die Schwellenspannung des Select-Gates:
Eine normale positive Steuerspannung $U_{GS} = +5$ V am Select Gate G
reicht infolge der abschirmenden Wirkung des negativ geladenen
Floating-Gates F nicht mehr aus, um den N-Kanal-MOS-FET leitend
bzw. niederohmig zu machen. Die zugeordnete Ausgangsleitung liegt
über einem Widerstand R auch bei Ansteuerung des programmierten
Transistors an der positiven Versorgungsspannung, d.h. sie ist
dauernd im "1"-Zustand. Ist das Floating-Gate F dagegen ungeladen
(der MOS-FET nicht programmiert), so wird durch eine Steuerspannung $U_{GS} = +5$ V am Select-Gate G der N-Kanal-MOS-FET niederohmig
und die Ausgangsleitung auf Null geschaltet, d.h. sie geht in den
"0"-Zustand. Ein programmierter FET repräsentiert im EPROM also
eine "1", ein unprogrammierter eine "0". Die gespeicherte Information bleibt bei Abschalten der Versorgungsspannung erhalten.

Durch Bestrahlung der Gate-Zone des MOS-FET mit ultraviolet-
tem Licht entstehen Photoelektronen, die die Ladung des Floating-
Gates ableiten und so den Informationsgehalt der Speicherzelle
löschen. EPROM-Festwertspeicher sind mit einem Fenster versehen,
durch das der Silizium-Chip, auf dem die MOS-FET-Speicherzellen
aufgebaut sind, mit UV-Licht bestrahlt und somit der gesamte
Speicherinhalt gelöscht werden kann. Die zum Löschen erforderliche
Bestrahlungsdauer beträgt 20 bis 30 Minuten.

In jüngster Zeit sind elektrisch löschbare EPROM-, sogenannte
EEPROM-, auf den Markt gekommen, deren Floating-Gate-MOS-FETs mit
einer Betriebsspannung von 5 V programmiert und gelöscht werden
können.- Die Informationskapazität eines digitalen Speichers ist
gleich der Anzahl der binären Speicherzellen. Bei modernen EPROMS
ist die Anzahl dieser Speicherplätze sehr groß. Sie wird in Einheiten von $1 K = 2^{10} = 1024$ angegeben. Die Speicherkapazitätsangabe
$2 K \times 8$ besagt z.B., daß das vorliegende EPROM über $2 K = 2048$ Speicherplätze von 8 Bit Breite verfügt. Die $2 K = 2^{11}$ Speicherplätze
werden über 11 Adressleitungen adressiert und die Daten über 8 Datenleitungen ausgelesen.

3.4 Schreib-Lesespeicher (RAM)

Ein RAM (Random Access Memory) besteht aus einer großen Anzahl
einzeln setz- und löschbarer Speicherzellen. Man unterscheidet
statische und **dynamische RAM** (SRAM und DRAM). Die Speicherzellen
eines **statischen RAM** sind RS-Flip-Flops (Abschn. 2.3.1), die als
bistabile Schaltelemente eine einmal eingeschriebene Information
so lange speichern können, wie die zum Betrieb erforderliche Versorgungsspannung anliegt (flüchtige Speicher).

Die Speicherzelle eines **dynamischen RAM** besteht aus einem
kleinen Kondensator, dessen Kapazität (Größenordnung 10^{-2} pF) als
Informationsspeicher dient und einem MOS-FET als Schalter, der den
Kondensator mit einer Datenleitung verbindet. Die sehr kleine
Speicher-Kapazität würde jedoch durch unvermeidliche Leckströme
schnell wieder entladen werden, wenn nicht mittels recht aufwendiger Zusatzschaltungen der Ladezustand der Kapazitäten aller
Speicherzellen durch periodisches Wiederaufladen (Auffrischen)
aufrecht erhalten würde. Wegen des geringen Platzbedarfs einer
Eintransistor-Speicherzelle haben dynamische RAM eine höhere Speicherkapazität als statische und sind daher preiswerter. Zur Zeit
sind DRAMs mit der Konfiguration $64 K \times 1$ Bit Industriestandard.
Wegen der zum Auffrischen nötigen Zusatzelektronik ist der Einsatz
von DRAMs nur bei großen Datenspeichern (> 16 K) rentabel.

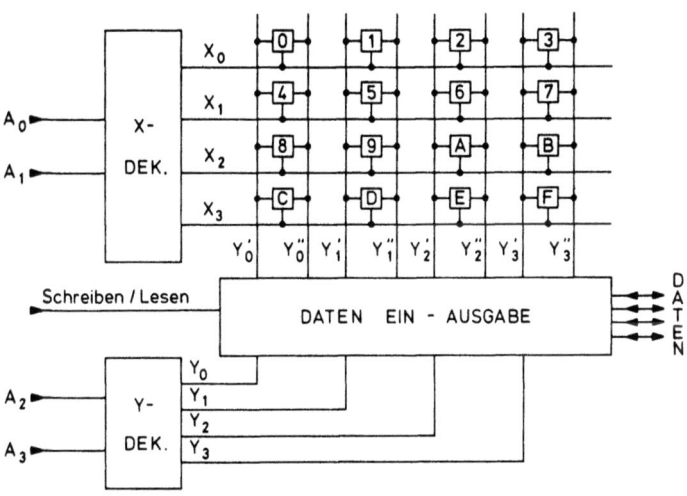

Fig. 3.6: Aufbau eines SRAM mit 16 Speicherplätzen
(16 × 1 Bit)

Fig. 3.6 zeigt den prinzipiellen Aufbau eines statischen RAM mit 16 Speicherzellen. Die über die Adressleitungen A_0 bis A_3 mit den Wertigkeiten 2^0 bis 2^3 eingegebene Adresse wird in zwei Teiladressbereiche (X- und Y-Bereiche) A_0, A_1 und A_2, A_3 aufgespalten. Jede Teiladresse wird dekodiert. Die Ausgänge X_0 bis Y_3 des X- und Y-Adress-Dekoders bilden eine Matrix, wobei die Y-Dekoder-Leitungen in der zwischengeschalteten Daten-Ein- und Ausgabe-Stufe in je zwei Leitungen aufgespalten werden, die zusätzlich zur Adressinformation auch noch die Dateninformation zu den Speicherzellen übertragen. An den 16 Schnittpunkten der X-Dekoder-Leitungen und der (doppelten) Y-Dekoder-Leitungen befindet sich je eine RS-Flip-Flop-Speicherzelle. Jeder binären Adresse ist somit eine Speicherzelle zugeordnet. Nur diejenige Speicherzelle, deren X- und Y-Dekoder-Leitung im H-Zustand ist, kann über die Daten-Ein- und Ausgabestufe mit den Datenleitungen verbunden werden.

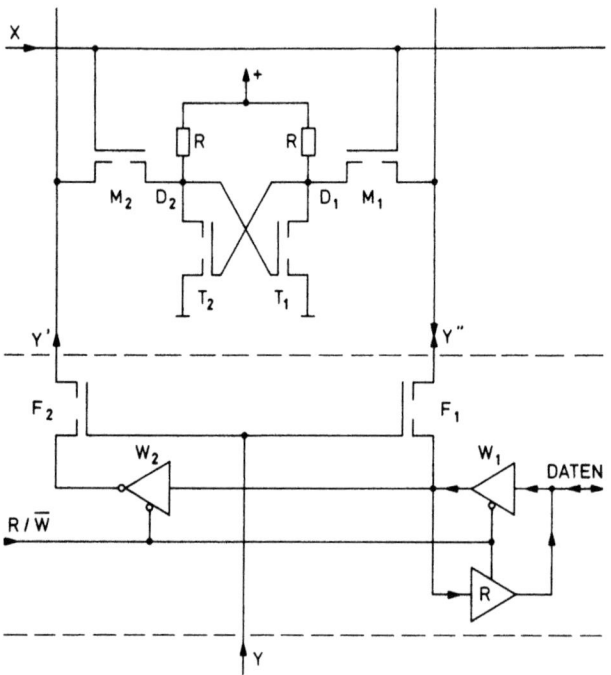

Fig. 3.7: Die SRAM-Speicherzelle, bestehend aus T_1, T_2, kann mit X = H über die Schalttransistoren M_1, M_2 und die Y-Dekoder-Leitungen Y', Y" mit der Daten-Ein-Ausgabe verbunden werden

Fig. 3.7 zeigt den <u>Aufbau einer Speicherzelle sowie ein Element der Daten-Ein-Ausgabestufe</u>. Alle Transistoren sind selbstsperrende N-Kanal-MOS-FET. Das Speicher-Flip-Flop besteht aus zwei MOS-FET T_1, T_2 und zwei Arbeitswiderständen R. Der Drain-Ausgang des einen FET ist mit dem Gate des anderen verbunden: Ein leitender FET (Gate positiv, Drain-Spannung = 0) sperrt den anderen (Gate = 0, Drain positiv) bzw. der gesperrte FET hält den anderen im leitenden Zustand.

Falls die X-Dekoder-Leitung positiv ist, werden die Schalttransistoren M_1 und M_2 niederohmig und die Flip-Flop-Ausgänge D_1

und D_2 mit den Y-Dekoder-Leitungen Y' und Y" verbunden. Diese wiederum können mit der Datenleitung verbunden werden, falls die Schalttransistoren F_1 und F_2 in der Datenausgangsstufe niederohmig sind, d.h. wenn die zugehörige Y-Dekoder-Leitung positiv ist.

Der Zustand der Lese-Schreib-Leitung ($R/\overline{W}$, R: read = lesen, W: write = schreiben) entscheidet, ob die FET-Tristate-Gatter (Multiplexer) W_1 und W_2 oder R niederohmig sind. Im Falle $R/\overline{W} = L$ (Schreibzustand) sind W_1 und W_2 niederohmig, so daß das Speicher-Flip-Flop über die Datenleitung, die Multiplexer W_1 und W_2, die Schalttransistoren F_1 und F_2 und die Schalttransistoren M_1 und M_2 gesetzt oder gelöscht werden kann. Im Falle $R/\overline{W} = H$ (Lesezustand) ist nur der Multiplexer R niederohmig, so daß der Ausgang D_1 des Speicher-Flip-Flop über die Schalttransistoren M_1 und F_1 und den Multiplexer R mit der Datenleitung verbunden und "gelesen" werden kann.

Das hier beschriebene RAM hatte nur vier Adressleitungen. Entsprechend sind 2^4 Speicherplätze adressierbar. Jeder Speicherplatz besteht hier nur aus einem einzelnen RS-Flip-Flop und kann somit nur ein Bit speichern. Die Speicherkapazität beträgt 16 × 1 Bit. Bei den meisten statischen RAM, die als Schreib-Lese-Speicher in Mikroprozessorsystemen eingesetzt werden, besteht jeder adressierbare Speicherplatz aus 8 Flip-Flops, die über 8 Datenleitungen einzeln beschrieben oder gelesen werden können. Gebräuchlich sind zur Zeit RAM mit einer Speicherkonfiguration von 256 K × 8 Bit bis 2 K × 8 Bit.

3.5 Ein-Ausgabe-Einheit (PORT)

Ein Port ist ein Schaltkreis, der eine mehradrige Verbindung zwischen dem Datenbus des Mikroprozessorsystems und der Außenwelt (Peripherie) herstellt. Die äußeren Anschlüsse des Port können über adressierbare digitale Schalter (Multiplexer) parallel mit dem Datenbus des Systems verbunden werden, so daß die CPU Daten von außen lesen oder durch einen Schreibbefehl nach außen abgeben kann. Die Richtung des Datentransports über die Port-Leitungen wird durch ein separat adressierbares internes Datendirektionsregister (DDR) festgelegt. Jedes Bit des Datendirektionsregisters kontrolliert eine zugeordnete Port-Leitung. Fig. 3.8 zeigt den prinzipiellen Aufbau. Ein Port besteht meistens aus 8 derartigen Leitungen.

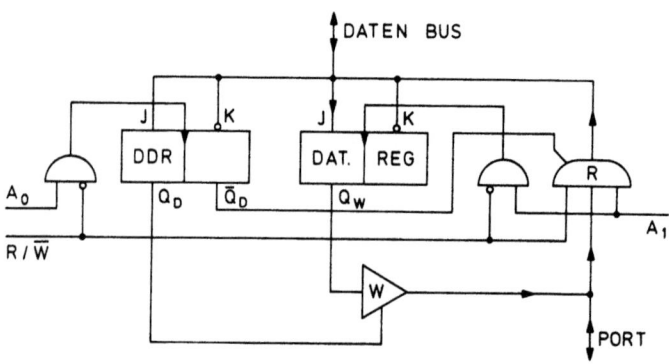

Fig. 3.8: Aufbau einer Port-Ein/Ausgabe-Leitung.- Die Kreise an den R/$\overline{W}$-Eingängen der beiden NAND-Gatter bedeuten Eingangssignalinvertierung: R/$\overline{W}$ = "0" ergibt eine "1" am Gatter-Eingang

Vor Inbetriebnahme eines Ports muß zuerst festgelegt werden, ob die Portleitungen Dateneingang oder Datenausgang sein sollen. Dazu wird das Datendirektionsregister DDR adressiert, wobei die Adressleitung A_o in den H-Zustand geht. Über den Datenbus wird eine "0" oder "1" an die Vorbereitungseingänge gelegt und mit dem Schreibsignal R/$\overline{W}$ = L in das Register eingeschrieben. Anschließend steht die eingeschriebene Information am Ausgang Q_D an. Mit Q_D = "0" wird der Ausgang des Tristate-Gatters W hochohmig, so daß keine Daten vom Datenbus über das Datenregister (Ausgang Q_W) und das Gatter W auf die Portleitung gegeben werden können. Mit $\overline{Q}_D$ ="1" nimmt der Ausgang des Tristate-UND-Gatters R und damit die Datenbusleitung den Zustand der Portleitung an, sobald die Portadressleitung A_1 in den H-Zustand geht und die Schreib-Leseleitung R/$\overline{W}$ im Lesezustand (H) ist. Die CPU kann dann den Zustand der Portleitung über den Datenbus "lesen". Der Port ist damit ein __Eingang__ des Mikroprozessorsystems, über den periphere Signalquellen mit der CPU verbunden werden können.

Wird Q_D = "1" in das Datendirektionsregister geschrieben, so wird mit $\bar{Q}_D$ = "0" der Ausgang des Gatters R hochohmig, womit der Dateneingang gesperrt ist. Wenn der Port adressiert ist (Portadressleitung A_1 = H), kann mit einem Schreibimpuls (R/$\bar{W}$ = L) das Datenregister von der CPU über den Datenbus in den Zustand Q_W = "1" oder "0" gesetzt werden. Dieser Zustand wird vom Datenregister bis zum Eintreffen des nächsten Schreibbefehls an den Port gespeichert und über das Gatter W auf die Portleitung gegeben. Der Port fungiert als Ausgang, der den Zustand des Portdatenregisters nach außen gibt, um damit z.B. eine Anzeigelampe oder eine Maschine zu steuern.

Porteinheiten können sehr komplex aufgebaut sein. So gibt es Ports, deren Eingangsleitungen ebenfalls über Register gepuffert sind, so daß durch ein externes Strobe- oder Clocksignal die Eingangszustände des Ports zu einem bestimmten Zeitpunkt in den Eingangsregistern gespeichert werden. Die CPU kann zu einem beliebigen späteren Zeitpunkt diese Eingangszustände lesen.

Außer den Ports gibt es noch eine große Anzahl weiterer integrierter Peripheriebausteine wie Timer, Zähler oder Schieberegister zur seriellen Datenübertragung, sowie spezielle Steuerschaltungen z.B. für die Textdarstellung auf Monitor-Bildschirmen. Diese Peripheriebausteine verfügen meist über eine Reihe interner Register, mit denen die Arbeitsweise des Bausteins flexibel programmierbar ist. Dadurch erhält man eine "intelligente Peripherie", die ohne dauernde Mitarbeit der CPU wichtige Funktionen selbsttätig übernimmt. Die CPU wird entlastet, das System leistungsfähiger. Solche Peripheriebauelemente sind oft nicht weniger komplex als die CPU selbst. Hochintegrierte Schaltkreise bezeichnet man als VLSI-Schaltkreise (Very Large Scale Integration).

3.6 Der Mikroprozessor (CPU)

Seit etwa 10 Jahren sind eine Reihe unterschiedlicher 8-Bit-Mikroprozessoren auf dem Markt. Einer der ersten war der Typ "8080" der Firma Intel (1973). Die Weiterentwicklung dieses Typs, der 1976 vorgestellte "8085", ist inzwischen Industriestandard geworden und in vielen Maschinensteuerungen und Datenverarbeitungsanlagen zu finden. Die Firma Zilog entwickelte aus dem "8080" den "Z80", der über eine größere Anzahl interner Register und neben den "8080"-Befehlen über weitere sehr effiziente Befehle verfügt. Die Mikroprozessorfamilie "6800" von Motorola hat eine andere Registerstruktur und andere Befehlsarten. Der Prozessor "6205" ist eine abgemagerte Version des "6800". Er ist vor allem als CPU der Commodore- und Apple-Computer weit verbreitet. Stellvertretend für_alle_8-Bit-Mikroprozessoren soll im folgenden der Aufbau des "8080" bzw. des fast identischen "8085" skizziert werden.

Eine CPU ist ein äußerst komplexer Schaltkreis, bestehend aus einigen 10 000 Transistoren. Der Aufbau einer CPU ist durch ihre interne Busstruktur gekennzeichnet (Fig. 3.9). Über die Datenbuffer und Datenspeicher ist der externe Datenbus des Mikroprozessorsystems mit dem internen Datenbus der CPU verbunden. Am internen Datenbus sind diverse Register angeschlossen, die durch Steuerbefehle der Steuereinheit aktiviert werden und über den internen

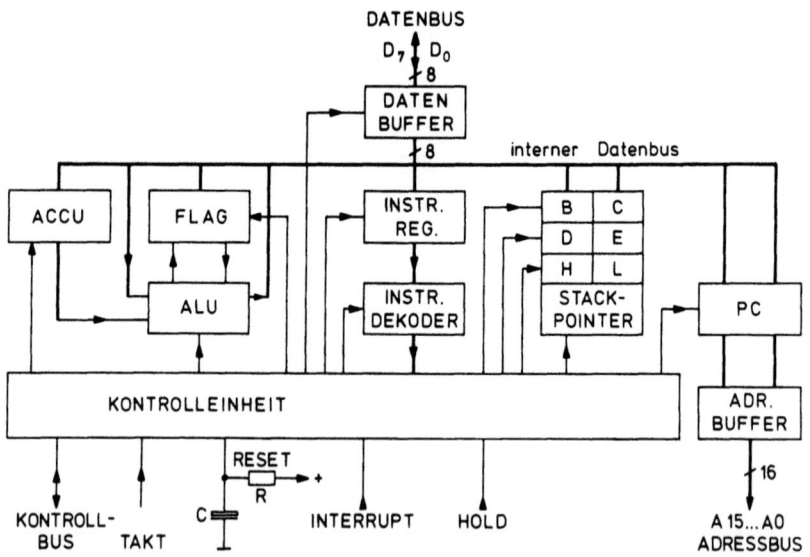

Fig. 3.9: Prinzipieller Aufbau des Mikroprozessors "8085" (s. Text)

Datenbus untereinander Daten austauschen können. Die Adressen, mit der die CPU externe Speicherzellen anspricht, werden vom Programmzähler PC (**Programm-Counter**) erzeugt, der ein 16-Bit-Zähler ist. Beim Einschalten des Mikroprozessors "8085" wird der PC auf den Wert 0000H gesetzt. Das Nullsetzen (Löschen) bewirkt ein externer Kondensator C, der beim Einschalten die Reset-Eingangsleitung des Mikroprozessors eine gewisse Zeit lang auf Nullpotential hält. Der Kondensator wird langsam über einen Widerstand von der Versorgungsspannung aufgeladen. Erst oberhalb einer bestimmten Spannung der Reset-Leitung kann der PC und damit die CPU arbeiten (Fig. 3.9).

Der Inhalt des Programmzählers PC wird über die Adress-Buffer an den externen Adress-Bus gegeben. Unter der Adresse 0, der **Programmstartadresse**, muß der erste Befehl des abzuarbeitenden Programms in einem ROM gespeichert sein. Die mit 0000H adressierte Speicherzelle gibt, nachdem die CPU einen Lesebefehl über die Steuerleitung gesandt hat, ihren Inhalt auf den Datenbus. Die CPU interpretiert automatisch das erste Datenwort nach dem Einschalten als einen Befehl und speichert es im **Befehls-** oder **Instruktionsregister**. Die Entschlüsselung des Befehls wird im Befehlsdekoder (Instruktions-Dekoder) vorgenommen, der jedem Befehl eine bestimmte Ausgangsleitung zuordnet, die ein Steuersignal an die Kontrolleinheit gibt. Damit veranlaßt der dekodierte Befehl die Kontrolleinheit, ganz spezielle, dem Befehl entsprechende Steuersignale an die Register der CPU zu senden, womit diese aktiviert werden, so daß der im Befehlsregister gespeicherte Maschinenbefehl abgearbeitet werden kann. Da immer nur ein Datentransfer zwischen den internen Registern über den internen Datenbus möglich ist, wird ein **Maschinenbefehl** in eine Folge einzelner Operationsschritte umgesetzt, die als Mikroprogrammschritte bezeichnet werden. Diese Mikroprogrammschritte erzeugt die Steuereinheit mittels eines externen Taktsignals, das meist von einem Quarzoszillator erzeugt wird. Jeder Maschinenbefehl ruft in der Steuereinheit ein spezielles Mikroprogramm auf, das Steuersignale an die internen Register sendet.

Die Befehle des "8085" werden je nach Komplexität in 4 bis 18 Clock-oder Taktzyklen abgearbeitet. So dauert z.b. bei einer Clockfrequenz von 10 MHz eine Taktperiode (Maschinenzyklus) 0,2 µs und damit die Ausführungszeit eines Maschinenbefehls (Befehlszeit) 0,8 bis 3,6 µs. Die Anzahl der Clockzyklen eines Befehls ist in Datenbüchern angegeben, so daß man sich bei Bedarf die Programmdauer ausrechnen und diesbezüglich verschiedene Programme vergleichen kann. Jeder Maschinenbefehl enthält eine Information für die CPU, aus der hervorgeht, ob unter der nächsthöheren Adresse Daten gespeichert sind, die noch zum Befehl gehören - falls es sich um einen zwei oder drei Byte langen Befehl handelt - oder ob unmittelbar auf das Befehlsbyte der nächste Maschinenbefehl folgt. Sobald ein Befehl dekodiert ist, wird der Programmzähler PC auf den Wert der Adresse des nächsten auszuführenden Befehls gesetzt. Im allgemeinen sind die Befehle eines Programms unter aufeinanderfolgenden Adressen im ROM gespeichert, so daß der PC nach Dekodierung eines Befehls meist auf den nächsten Adresswert hochgezählt (inkrementiert) wird. Bestimmte Befehle jedoch ermöglichen Programmverzweigungen oder Programmsprünge, womit das Programm an beliebigen Stellen im Adressraum weitergeführt werden kann. Durch Sprungbefehle wird der Inhalt des Programmzählers PC mit einem im Befehl enthaltenen Adresswert überschrieben. Daher ist die Verbindung zwischen dem internen Datenbus und dem PC erforderlich. Nach Beendigung des im Befehlsregister geladenen Befehls wird die nächste Instruktion aus der Speicherzelle mit der im PC enthaltenen Adresse geholt.

Der Hauptarbeitsspeicher einer CPU heißt <u>Akkumulator</u>. Bei vielen Mikroprozessoren laufen fast alle Datenverarbeitungsoperationen über den Akkumulator, was bedeutet, daß z.B. bei arithmetischen Operationen der Inhalt des Akkumulators mit dem Inhalt eines anderen Registers verrechnet wird und nach Abschluß der Operation das Ergebnis im Akkumulator steht. Der Akkumulator speichert nicht nur wie ein einfaches Register Daten, sondern führt auch elementare digitale Operationen aus:
1. Inkrementieren des Akkumulatorinhalts (Binärwert um eine Einheit erhöhen). Symbolisch:(A) + 1 → (A);
2. Dekrementieren des Akkumulatorinhalts (Binärwert um eine Einheit vermindern). Symbolisch:(A) - 1 → (A);

3. Verschieben des Akkumulatorinhalts um eine Stelle nach links (links-schieben) oder nach rechts (rechts-schieben).

In Verbindung mit der <u>Arithmetik- und Logikeinheit</u>, abgekürzt ALU, kann der Inhalt des Akkumulators mit dem Inhalt eines internen oder externen Registers R verrechnet werden, wobei das Ergebnis wieder in den Akkumulator geschrieben wird. Folgende <u>ALU-Operationen</u> sind möglich:

A) <u>Arithmetische Operationen</u>
1) Arithmetische Addition eines Registerinhalts R zum Akkumulatorinhalt A. Symbolisch:(A) + (R) → (A).
2) Arithmetische Addition wie unter 1), jedoch unter Berücksichtigung des Übertrags einer vorhergehenden Rechenoperation, der im <u>Übertragsregister</u> "Carry" gespeichert wurde. Symbolisch: (A) + (R) + (Cy) → (A).
3) Arithmetische Subtraktion. Symbolisch: (A) - (R) → (A);
4) Arithmetische Subtraktion unter Berücksichtigung des Übertrags. Symbolisch:(A) - (R) - (Cy) → (A).

B) <u>Logische ALU-Operationen</u>
1) Bitweise UND-Verknüpfungen von Register- und Akkumulatorinhalt. Symbolisch: (A) ∧ (R) → (A).
   Diese Verknüpfung wird auf einander entsprechende Bit des Registers R und des Akkumulators A angewandt und das Ergebnis der UND-Verknüpfung in die entsprechende Stelle des Akkumulators geschrieben.
   Beispiel: (A) = 1010 1100
                 (R) = 0110 0110
         (A) ∧ (R) → (A) = 0010 0100

2) Bitweise ODER-Verknüpfungen von Register- und Akkumulatorinhalt. Symbolisch: (A) ∨ (R) → (A).
3) Bitweise Exklusiv-ODER-Verknüpfungen von Register- und Akkumulatorinhalt: Symbolisch: (A) ∀ (R) → (A).
4) Bitweise Invertierung des Akkumulatorinhalts. Symbolisch: $\bar{A}$ → A.

Von der ALU wird das Flag- Register (auch Konditions- oder Status-Reg.) beeinflußt. Dies ist ein 8 Bit-Register, in dem bestimmte Resultate arithmetischer oder logischer Operationen des Akkumumulators bzw. der ALU als *Flag*, d.h. als 1-Bit-Information gespeichert werden. Die Anordnung der einzelnen Flags des "8085" Flag-Registers zeigt Fig. 3.10.

Das Flag-Register der CPU 8085:

```
D7 D6 D5 D4 D3 D2 D1 D0
| S | Z |   | AC |   | P |   | Cy |
```

Cy = Carry
P = Parity
AC = Auxiliary Carry
Z = Zero
S = Signum

Die Bedeutung der einzelnen Flags in Stichworten:

Cy = "Carry"-Flag. Dies ist ein Übertrags- oder Überlauf-Flag, das z.B. auf "1" gesetzt wird, wenn das Ergebnis einer Addition größer als 8 Bit = 255 war.

P = "Parity"-Flag. P ist "1", wenn nach einer ALU-Operation die Anzahl der "1"-Bits im Akkumulator eine gerade Zahl ist (gerade Parität).
P ist "0", wenn nach einer ALU-Operation die Anzahl der "1"-Bits im Akkumulator eine ungerade Zahl ist (ungerade Parität).

AC = "Auxiliary Carry"-Flag. Wenn bei einer arithmetischen Operation ein Übertrag von Bit D_3 nach Bit D_4 des Akkus, d.h. vom geringerwertigen Nibble zum höherwertigen auftritt, wird AC = "1" gesetzt. Dies Flag ist wichtig für BCD-Rechenoperationen.

Z = "Zero"-Flag. Z ist "1", falls nach einer ALU-Operation das Ergebnis 0 im Akkumulator steht. Falls das Ergebnis ungleich 0 ist, wird Z gleich "0".

S = "Signum"-Flag. Wenn nach einer ALU-Operation das höchste Bit des Akkumulators (D_7) eine 0 enthält, ist S = "0". War D_7 = "1", so wird S = "1". Das Bit D_7 ist das <u>Vorzeichen-Bit</u> beim Rechnen mit 7-Bit-Zahlen in Zweierkomplement-Darstellung (Abschn. 1.7.4). Daher der Name "Signum-Flag" (Vorzeichen-Flag).

Ein weiteres wichtiges Register ist der STACK-POINTER (SP). Dies ist ein 16 Bit-Register, welches die Adresse eines externen RAM-Speicherplatzes enthält. Im RAM wird zur Durchführung spezieller Befehle ein Speicherbereich reserviert, der "STACK", "Kellerspeicher" oder "Stapelspeicher" genannt wird. In diesem Speicherbereich werden bei Unterprogrammaufrufen und Programmunterbrechung (Interrupt) Rücksprungadressen zwischengespeichert und Inhalte interner CPU-Register "gerettet". Von der CPU in den STACK übertragene Daten werden unter aufeinanderfolgenden Adressen in diesem RAM-Bereich gespeichert. Der "8085" dekrementiert den STACK-POINTER vor jeder Datenübertragung zum STACK und inkrementiert ihn nach einer Datenübertragung vom STACK. Der STACK-POINTER oder Stapelzeiger zeigt gewissermaßen auf den nächsten verfügbaren Speicherplatz im STACK.- Die Daten werden im STACK ähnlich wie Spielkarten in einem Stapel abgelegt. Die zuletzt gespeicherten Daten werden als erste wieder eingelesen.

Die bisher genannten Komponenten sind in ähnlicher Form allen eingangs genannten Mikroprozessoren gemeinsam. Die einzelnen Prozessortypen unterscheiden sich im wesentlichen in der Anzahl und Funktionsweise ihrer internen Arbeitsregister.

Der "8085" hat außer dem Akkumulator noch sechs andere 8 Bit breite Arbeitsregister, die mit den Buchstaben B, C, D, E, H und L bezeichnet werden. Sie dienen zur Zwischenspeicherung von Daten und Adressen, können aber auch zu einfachen Operationen wie Inkrementieren (Inhalt + 1) und Dekrementieren (Inhalt - 1) veranlaßt werden. Diese sechs 8-Bit-Register werden zur Durchführung von 16-Bit-Additionen und zur Speicherung von 16-Bit-Adressen zu drei Registerpaaren von je 16 Bit Breite zusammengeschaltet. Die drei Registerpaare heißen: BC, DE und HL. Das höchstwertige Byte (high Byte) eines 16-Bit-Datenwortes wird in dem erstgenannten Register gespeichert (B, D oder H), das niedrigste Byte (low Byte) im Register C, E oder L. Speziell das Registerpaar HL dient zur Speicherung und Berechnung von Adresswerten. Es existieren noch andere interne Arbeitsregister, zu denen der Anwender jedoch keinen Zugriff hat.

Bei vielen Anwendungen - wie z.B. bei Maschinensteuerungen - ist es wichtig, daß der Mikroprozessor auf äußere, unvorhersehbare Ereignisse (etwa ein Schalter- oder Tastensignal) unabhängig von dem gerade bearbeiteten Befehl reagieren kann. Dazu ist das laufende Programm zu unterbrechen (engl. interrupt). Der gerade geladene Befehl wird abgeschlossen und der Inhalt des Programmzählers, der die Adresse des nächsten abzuarbeitenden Befehls enthält, automatisch auf den STACK gerettet (Rücksprungadresse). Anschließend wird der Programmzähler mit der Startadresse eines Programms geladen, das auf die Unterbrechungsanforderung reagieren soll. Wenn dies Unterbrechungs- oder Interruptprogramm abgearbeitet ist, wird der Programmzähler wieder mit der auf dem STACK geretteten Rücksprungadresse geladen und das unterbrochene Programm fortgesetzt. Alle Mikroprozessoren verfügen über derartige Interruptmöglichkeiten. Der "8085" hat fünf Interrupteingänge. Falls auf einen dieser Eingänge ein positives Potential gelegt wird, unterbricht die CPU das laufende Programm, wie eben beschrieben und setzt den Programmzähler auf eine dem Interrupteingang zugeordnete Adresse. Den Interrupt-Eingängen mit den Anschlußnummern 6, 7, 8 und 9 sind die hexadezimalen Interruptprogramm-Startadressen 24, 3C, 34 und 2C zugeordnet. Ein weiterer Interrupt-Eingang ermöglicht einen Programmsprung zu einer frei wählbaren Adresse, die von einer programmierbaren Peripherieeinheit, dem Interrupt-Controller, auf den Adress-Bus gegeben werden kann.

Von den Interrupt-Eingängen 7, 8 und 9 kann nur dann eine Programmunterbrechung ausgelöst werden, wenn die Interruptmöglichkeiten per Befehl zugelassen wurden. Jedem Interrupt-Eingang ist außerdem ein bestimmtes Bit in einem internen Interrupt-Mask-Register zugeordnet. Nur wenn das entsprechende Interrupt-Mask-Bit nicht gesetzt ist, kann ein Interrupt-Signal wirksam werden. Neben diesen maskierbaren Interrupts gibt es - für besonders wichtige Unterbrechungsanforderungen - einen nicht maskierbaren und nicht per Befehl zu sperrenden Interrupt-Eingang (Anschluß Nr. 6).

Der schon erwähnte Reset-Eingang (Fig. 3.9) bewirkt bei Anlegen einer "0" einen Programmabbruch und Neustart des Mikroprozessors bei der Programmadresse 0.

Durch den HOLD-Eingang kann die CPU in einen Wartezustand versetzt werden. Nach dem Erkennen des HOLD-Signals wird der laufende Befehl abgeschlossen. Danach schaltet die CPU alle ihre Bus-Leitungen in einen hochohmigen Zustand (Tri-State). Damit sind die Busse des Mikroprozessorsystems für andere Benutzer (z.B. eine andere CPU) frei verfügbar. Wird das HOLD-Signal weggenommen, schaltet sich die CPU wieder an die Busse und führt das unterbrochene Programm weiter.

Eine Besonderheit des "8085" ist der serielle Datenausgang SOD (serial output data) und der serielle Dateneingang SID (serial input data). Weiter unterscheidet sich dieser Prozessor von den anderen auf Seite 123/124 genannten dadurch, daß für die Daten und das niederwertige Adressbyte dieselben Anschlußleitungen benutzt werden. Adressen und Daten werden zeitlich nacheinander über die 8 Adress/Datenbus-Anschlüsse übertragen (gemultiplexter Bus). Ein Signal des Kontroll-Bus (ALE = Address-Latch Enable; Adress-Speicher-Aktivierung) gibt an, ob Daten oder Adressen auf dem Bus anstehen. Mit diesem Signal, das während der Adressinformation von "1" nach "0" geht, kann ein externes 8 Bit breites Register aktiviert werden, in dem das Adress-Byte gespeichert wird. Wenn anschließend die Daten über den Adress/Datenbus übertragen werden, steht die komplette 16-Bit-Adresse zur Adressierung der Datenquelle oder der des Datenempfängers bereits auf dem Adressbus. Abgestimmt auf den gemultiplexten Adress/Datenbus des "8085" gibt es RAM-, ROM- und PORT-Bausteine, die ein Adressregister zur Aufnahme des niederwertigen Adress-Bytes enthalten. Dadurch wird die Hardware, speziell die Verdrahtung des Busses, sehr vereinfacht.

3.7 Ein Mikroprozessorsystem

Bevor wir zur Diskussion der einzelnen Mikroprozessorbefehle - also zur Software - kommen, soll der Aufbau eines realen kleinen Mikroprozessorsystems diskutiert werden (Fig. 3.11). Als CPU ist der Mikroprozessor "8085" eingesetzt. Das Programm wird in zwei ROMs gespeichert. Diese haben wie das RAM eine Kapazität von 2 K × 8 Bit. Ferner ist ein Peripheriebaustein vorhanden, mit drei PORTs - jeder mit 8 I/O-Leitungen-, und einem internen Kontrollregister. Dieser Baustein enthält somit 4 adressierbare Register.

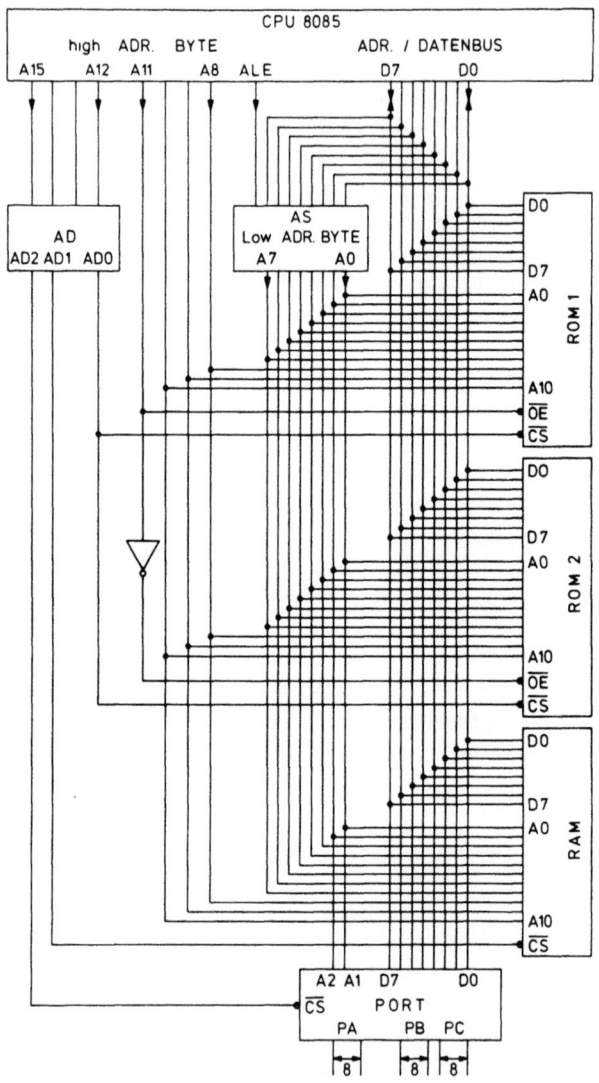

Fig. 3.11: Mikroprozessorsystem mit der CPU "8085", zwei ROM, einem RAM und einem PORT sowie einem Adressregister (AS) und einem Adressdekoder (AD)

Hinsichtlich der <u>Adressenfestlegungen</u> ist zu beachten, daß <u>die Programmstartadresse</u> den Wert OH hat und die Interruptstartadressen im Bereich von 24H bis 3CH liegen. Daher sind die Adressen eines ROM, das in unserer Schaltung über 2 K Speicherplätze verfügt, in den Adressbereich OH bis O7FFH zu legen. Der Hexadezimalzahl 7FF entspricht die Binärzahl 0000 0111 1111 1111. Die Speicherplätze dieses ROM werden also mit den Adressleitungen A_0 bis A_{10} adressiert, während die höheren Adress-Bits A_{11} bis A_{15} Null sind.

Die Adressen aller anderen Komponenten in diesem kleinen System sind frei wählbar. Wir legen die Adressen des zweiten ROM in den anschließenden Adressbereich 0800H bis OFFFH. Das RAM erhält die Adressen 1000H bis 17FFH und der PORT die Adressen 2000H bis 2003H.

Die Adresszuweisungen nimmt der Adressdekoder AD vor, der die höchsten vier Adress-Bits A_{15} bis A_{12} dekodiert. Wenn diese vier Adress-Bits den Zustand 0000B (B=binär) haben, so wird der Dekoder-Ausgang ADO = "0", womit die Chip-Select-Eingänge $\overline{CS}$ der beiden ROM aktiviert werden. Die ROM haben ferner einen Output-Enable-Eingang $\overline{OE}$, der nur dann eine Datenausgabe zuläßt, wenn $\overline{OE}$ = "0" ist. An den $\overline{OE}$-Eingang des ersten ROM wird die Adressleitung A_{11} gelegt, die im Adressbereich 0 bis O7FFH im "0"-Zustand und von 0800H (entsprechend der binären Adresse 0000 1000 0000 0000) bis OFFFH (entsprechend der binären Adresse 0000 1111 1111 1111) im "1"-Zustand ist. Der invertierte Adresspegel $\overline{A_{11}}$ schaltet im letztgenannten Adressbereich das zweite ROM ein, während das erste durch A_{11} = "1" abgeschaltet wird. Das erste ROM kann somit nur Daten aussenden, wenn ADO = "0" und A_{11} = "0" ist, das zweite im Falle ADO = "0" und A_{11} = "1".

Das RAM wird vom Dekoder-Ausgang AD1 aktiviert, wenn die vier höchsten Adressbits den Wert 0001B = 1H haben. Der PORT wird von AD2 eingeschaltet, wenn die vier höchsten Adressbits den Wert 0010B = 2H annehmen. Die Adressleitungen A_0 bis A_{10} adressieren die 2^{11} Speicherplätze in einem vom Adressdekoder aktivierten ROM oder RAM. Mit A_0 und A_1 werden auch noch die Register des PORT adressiert, sofern die höchsten vier Adressbits den Wert 0010B = 2H haben. Bei Verwendung des PORT-Bausteins 8255 von Intel

hat der PORT A die Adresse 2000H, B hat 2001H und C die Adresse
2002H. Das Kontrollregister wird mit 2003H angesprochen. Im
Adressspeicher AS wird das niederwertige Adress-Byte vom gemultiplexten Adress/Datenbus mittels des ALE-Signals zwischengespeichert, so daß alle 16 Bits des Adressbus während einer Datenübertragung parallel anstehen.

In diesem Mikroprozessorsystem sind alle wichtigen Komponenten enthalten. Man kann damit eine Steuerung, eine Meßwertverarbeitungsanlage oder einen kleinen Rechner aufbauen, je nachdem
welches Programm in den ROM gespeichert und welche Peripherie
an den PORT angeschlossen ist. Dieses System ließe sich zu einem
Kleincomputer ausbauen. Dazu müßte die Anzahl der ROM- und RAM-
Speicherplätze vergrößert, eine Eingabetastatur an den PORT angeschlossen und eine Datenausgabeeinheit - etwa ein Display oder
noch besser ein Sichtgerät - über den PORT oder die Busse mit dem
System verbunden sein.

In den anschließenden Abschnitten soll gezeigt werden, wie
mittels der Software Leben in ein Mikroprozessorsystem gebracht
werden kann.

3.8 Programmierung eines Mikroprozessorsystems

Ein Befehl ist eine Arbeitsanweisung an die CPU, die ihr in
Form von 8 Bit breiten Digitalinformationen über den Datenbus übermittelt werden muß. So interpretiert der "8085" z.B. den Datenbus-
Zustand 1000 0000 B = $D_7 \bar{D}_6 \bar{D}_5 \ldots \bar{D}_0$ (D_0 bis D_7 sind die zugeordneten
Datenbusleitungen) während eines Befehlsaufrufs als Aufforderung,
zum Inhalt des Akkumulators den Inhalt des Registers B zu addieren
und das Ergebnis im Akkumulator zu speichern. Symbolisch:
$(A) + (B) \rightarrow (A)$. Aus solchen binärkodierten Befehlen besteht die
"Sprache" der CPU, die Maschinensprache.

Es ist für einen Programmierer fast unmöglich, ein ganzes
Programm mit solchen binären Maschinenbefehlen zu schreiben. Die
Interpretation der binären Maschinenbefehle als Hexadezimalzahlen

vereinfacht die Befehlsdarstellung für den Programmierer ganz
erheblich. So entspricht dem binären Befehlscode 1000 0000B
die Hexadezimalzahl 80H.

Unter Verwendung eines hexadezimalen Befehlskodes ist ein
Mikroprozessorprogramm in Maschinensprache wesentlich leichter
zu schreiben. Zur Übertragung der hexadezimalen Befehle in den
entsprechenden binären Befehlskode, der in einem ROM gespeichert
und von der CPU gelesen werden kann, benötigt man einen (kleinen)
Computer, der die Codeumwandlung und das Programmieren des ROM
oder EPROM vornimmt. Dies ist das billigste Verfahren, ein Maschinenprogramm zu schreiben und in das Mikroprozessorsystem zu übertragen.

Programme, die aus einer Folge von Hexadezimalzahlen bestehen sind jedoch für den Programmierer schwer lesbar. Daher hat man
jedem Maschinenbefehl (Befehlscode) einen Namen gegeben, der meist
aus einer Abkürzung besteht, aus der die Funktion des Befehls hervorgeht. So wird z.B. dem Additionsbefehl mit dem hexadezimalen
Befehlscode 80, der die Addition (A) + (B) → (A) bewirkt, der Name
"ADD B" gegeben. Den Namen eines Befehlscodes bezeichnet man als
Mnemonik (= Ausdruck, den man sich merken kann). Jedem Maschinenbefehl ist ein mnemonischer Ausdruck zugeordnet. Die Menge aller
mnemonischen Ausdrücke stellt die <u>Assembler-Sprache</u> eines Mikroprozessors dar.

Wenn man die Bedeutung der Mnemoniks kennt, was ein genaues
Verständnis der CPU und der Systemkomponenten voraussetzt, ist
es nicht schwer, ein Programm in Assembler-Sprache zu schreiben.
Zur Übersetzung eines Assemblerprogramms in die entsprechende
binäre Maschinenbefehlsfolge gibt es zwei Methoden: Entweder nimmt
der Programmierer die Übersetzung selbst vor, indem er mittels
einer Tabelle den Assembler-Befehlen (den Mnemoniks) die entsprechenden hexadezimalen Maschinenbefehle zuordnet, oder man benutzt
für diese sehr zeitraubende und fehlerträchtige Prozedur einen
Computer. Man nennt die Übersetzungsprozedur von Assembler in
Maschinensprache "assemblieren".

3.8.1 Der Befehlssatz des Mikroprozessorsystems "8085"

3.8.1.1 Befehlsstruktur und Adressierungsarten

Ein Maschinenbefehl teilt der CPU in codierter Form mit, was sie tun soll. Der codierte Befehl besteht aus zwei Teilen. Der erste Teil gibt an, welche Operation durchzuführen ist (z.B. Addition, Subtraktion, usw.). Der zweite Teil des Befehls gibt an, in oder mit welchen Registern oder Daten diese Operation durchzuführen ist. Der erste Teil des Befehls, der angibt was zu tun ist, heißt <u>Operationscode</u>, der zweite Teil <u>Operand</u>. Bei 8-Bit-Prozessoren ist der Operationscode maximal ein Byte (8 Bit) lang. Ist der Operationscode zusammen mit dem Operanden in einem Befehlsbyte untergebracht, so ist der ganze Befehl nur ein Byte lang. Falls der CPU noch mitgeteilt werden muß, mit welchem 8 Bit breiten Datenwort oder mit welcher 16-Bit-Adresse die im Operationscode angegebene Operation durchgeführt werden soll, kann der Operand 1 bis 2 Byte, entsprechend 8 oder 16 Bit lang sein. Die Länge des kompletten Maschinenbefehls hängt also vom Operanden ab und beträgt 1 bis 3 Byte. Man unterscheidet mehrere <u>Adressierungsarten</u>, je nach der Bedeutung des Operanden.

<u>Implizite Adressierung:</u>
Bei dieser Befehlsart enthält der Operationscode selbst die Zieladresse, den Operanden. Befehlslänge: 1 Byte.
<u>Beispiel:</u> Der Befehl, mit dem das Carry-Flag auf "1" gesetzt werden kann - symbolisch 1 → (Cy) -, lautet in Assembler-Sprache:STC (Set Carry).- Der entsprechende hexadezimalcodierte Maschinenbefehl: 37.

<u>Registeradressierung:</u>
Bei dieser Adressierungsart muß außer dem Operationscode noch das Register angegeben werden, mit dem die CPU arbeiten soll. Beim "8085" bestehen die Registerbefehle aus 5 Bit Operationscode und einem 3 Bit langen Operanden, der ein Arbeitsregister spezifiziert. Diese Befehle sind also auch 8 Bit lang.

Beispiel: Der schon erwähnte Additionsbefehl (A) + (B) → (A) lautet
in Assembler-Sprache: ADD B (Operationscode ADD,
Operand B). Der entsprechende hexadezimale Maschinenbefehl: 80. Oder in binärer Schreibweise: 1000 0000
(Operationscode 1000 0, Operand 000).

Unmittelbare Adressierung (Immediate Addressing):
Diese Befehle sind 2 oder 3 Byte lang. Das erste Byte enthält
stets den Operationscode. Das zweite Byte ist ein Datenwort, mit
dem die im Operationscode angegebene Operation von der CPU durchgeführt werden soll.

Beispiel: Lade die Hexadezimalzahl 72H in das Register B, symbolisch: 72H → (B). Der Assembler-Befehl lautet:
MVI B,72H (move immediate). Der hexadezimale Maschinenbefehl: 06 72 (Operationscode 06, Operand 72).

Bei 3 Byte langen Befehlen mit unmittelbarer Adressierung stellen
die auf den Operationscode folgenden 2 Byte ein 16-Bit-Daten-
oder Adresswort dar, mit dem die angegebene Operation durchzuführen ist.

Beispiel: Lade das Registerpaar HL mit dem 16-Bit-Wert
1234H - symbolisch: 1234H → (HL) d.h. 34H → (L), 12H → (H).
Der Assembler-Befehl lautet:

LXI H,1234
⎵⎵⎵ ⎵⎵⎵
OP-Code Operand

Der hexadezimale Maschinenbefehl:

21 34 12
↑ ↑ ↖ high-Byte an zweiter Stelle!
| low-Byte zuerst!
OP-Code

Direkte Adressierung:
Bei diesen Befehlen ist der Operand eine 16-Bit-Adresse, die als
Ziel der Operation angegeben wird:

Beispiel: Lade den Akkumulator A mit dem Inhalt der Zelle, die
die Adresse 1234H hat - symbolisch: (1234) → (A).
Der Assembler-Befehl lautet:

LDA 1234H
↑   ↑
| Operand
OP-Code

Der hexadezimale Maschinenbefehl:

```
32 34 12
 │  │  └ high-Byte an zweiter Stelle!
 │  └ low-Byte zuerst!
 └ OP-Code
```

Indirekte Adressierung:

Bei diesen Befehlen wird als Operand nicht die Adresse, deren Inhalt verarbeitet werden soll, angegeben, sondern ein Registerpaar, in dem diese Adresse gespeichert ist.

Beispiel: Angenommen, mit dem Befehl LXI H,1234H sei der Wert 1234H als Adresswert im Registerpaar HL gespeichert. Dabei enthält L das niederwertige Adressbyte und H das höherwertige. Dann kann mit dem Assembler-Befehl

```
MOV A,M
 │   │ └ Datenquelle=Zelle, deren Adresse in HL steht
 │   └ Datenempfänger=Akkumulator
 └ OP-Code
```

der Inhalt der Zelle, deren Adresse in HL steht, in den Akkumulator geladen werden - symbolisch: $((HL)) \rightarrow (A)$. Das "M" als Angabe der Datenquelle steht für indirekte Adressierung mit dem Inhalt des Registerpaares HL.

Dem Assembler-Befehl MOV A,M entspricht der 1 Byte lange hexadezimale Maschinenbefehl 7E.

Zeigeradressierung (Register indirekt):

Beim "8085" gibt es einen 1 Byte langen Sprungbefehl, der einen Programmsprung zu einer Adresse ermöglicht, die im Registerpaar HL steht. Das ist der Assembler-Befehl PCHL, dem der hexadezimale Maschinenbefehl E9 entspricht.

Tab. 3.8.1
Der Befehlssatz des "8085" (Hex-Code, Assembler-Befehl)

Transfer-Befehle (MOVE)

40 MOV B,B	48 MOV C,B	50 MOV D,B	58 MOV E,B
41 MOV B,C	49 MOV C,C	51 MOV D,C	59 MOV E,C
42 MOV B,D	4A MOV C,D	52 MOV D,D	5A MOV E,D
43 MOV B,E	4B MOV C,E	53 MOV D,E	5B MOV E,E
44 MOV B,H	4C MOV C,H	54 MOV D,H	5C MOV E,H
45 MOV B,L	4D MOV C,L	55 MOV D,L	5D MOV E,L
46 MOV B,M	4E MOV C,M	56 MOV D,M	5E MOV E,M
47 MOV B,A	4F MOV C,A	57 MOV D,A	5F MOV E,A
60 MOV H,B	68 MOV L,B	70 MOV M,B	78 MOV A,B
61 MOV H,C	69 MOV L,C	71 MOV M,C	79 MOV A,C
62 MOV H,D	6A MOV L,D	72 MOV M,D	7A MOV A,D
63 MOV H,E	6B MOV L,E	73 MOV M,E	7B MOV A,E
64 MOV H,H	6C MOV L,H	74 MOV M,H	7C MOV A,H
65 MOV H,L	6D MOV L,L	75 MOV M,L	7D MOV A,L
66 MOV H,M	6E MOV L,M	- -	7E MOV A,M
67 MOV H,A	6F MOV L,A	77 MOV M,A	7F MOV A,A

Unmittelbare Adressierung

(MOVE IMMEDIATE)	(LOAD IMMEDIATE)
06 MVI B,D8 (D8=8 Bit)	01 LXI B,D16 (D16=16 Bit)
0E MVI C,D8	11 LXI D,D16
16 MVI D,D8	21 LXI H,D16
1E MVI E,D8	31 LXI SP,D16
26 MVI H,D8	
2E MVI L,D8	
36 MVI M,D8	
3E MVI A,D8	

Lade-Befehle (LOAD)	Speicher-Befehle (STORE)
0A LDAX B (ind. Adr.)	02 STAX B (ind. Adr.)
1A LDAX D (ind. Adr.)	12 STAX D (ind. Adr.)
2A LHLD ADR (ADR=16 Bit-Adr.)	22 SHLD ADR (ADR=16 Bit-Adr.)
3A LDA ADR (ADR=16 Bit-Adr.)	32 STA ADR (ADR=16 Bit-Adr.)

Arithmetische Befehle

ADDITION	ADD+CARRY	SUBTRACTION	SUB+BORROW
80 ADD B	88 ADC B	90 SUB B	98 SBB B
81 ADD C	89 ADC C	91 SUB C	99 SBB C
82 ADD D	8A ADC D	92 SUB D	9A SBB D
83 ADD E	8B ADC E	93 SUB E	9B SBB E
84 ADD H	8C ADC H	94 SUB H	9C SBB H
85 ADD L	8D ADC L	95 SUB L	9D SBB L
86 ADD M	8E ADC M	96 SUB M	9E SBB M
87 ADD A	8F ADC A	97 SUB A	9F SBB A

Unmittelbare Adressierung	DOUBLE ADD (16 BIT ADD)
C6 ADI D8 (D8=8Bit)	09 DAD B
CE ACI D8	19 DAD D
D6 SUI D8	29 DAD H
DE SBI D8	39 DAD SP

INCREMENT	DECREMENT	INCR.16BIT	DCR.16BIT
04 INR B	05 DCR B	03 INX B	0B DCX B
0C INR C	0D DCR C	13 INX D	1B DCX D
14 INR D	15 DCR D	23 INX H	2B DCX H
1C INR E	1E DCR E	33 INX SP	3B DCX SP
24 INR H	25 DCR H		
2C INR L	2D DCR L		
34 INR M	35 DCR M		
3C INR A	3D DCR A		

Logische Befehle

AND	OR	EXKL.OR	COMPARE
A0 ANA B	B0 ORA B	A8 XRA B	B8 CMP B
A1 ANA C	B1 ORA C	A9 XRA C	B9 CMP C
A2 ANA D	B2 ORA D	AA XRA D	BA CMP D
A3 ANA E	B3 ORA E	AB XRA E	BB CMP E
A4 ANA H	B4 ORA H	AC XRA H	BC CMP H
A5 ANA L	B5 ORA L	AD XRA L	BD CMP L
A6 ANA M	B6 ORA M	AE XRA M	BE CMP M
A7 ANA A	B7 ORA A	AF XRA A	BF CMP A

Unmittelbare Adressierung	Schiebe-Befehle
E6 ANI D8	07 RLC (ROTATE LEFT CARRY)
F6 ORI D8	0F RRC (ROTATE RIGHT CARRY)
EE XRI D8	17 RAL (ROTATE ACCU LEFT)
FE CPI D8	1F RAR (ROTATE ACCU RIGHT)

Sprung-Befehle (JUMP)	Unterprogrammaufrufe (CALL)
C3 JMP ADR (ADR=16Bit Adresse)	CD CALL ADR
C2 JNZ ADR	C4 CNZ ADR
CA JZ ADR	CC CZ ADR
D2 JNC ADR	D4 CNC ADR
DA JC ADR	DC CC ADR
E2 JPO ADR	E4 CPO ADR
EA JPE ADR	EC CPE ADR
F2 JP ADR	F4 CP ADR
FA JM ADR	FC CM ADR
E9 PCHL (indirekte Adr.)	

Rücksprung-Befehle (RETURN)
C9 RET
C0 RNZ
C8 RZ
D0 RNC
D8 RC
E0 RPO
E8 RPE
F0 RP
F8 RM

Stack-Operationen
C5 PUSH B   C1 POP B   E3 XTHL (Exchange top of stack with HL)
D5 PUSH D   D1 POP D   F9 SPHL (Inhalt v. HL nach SP)
E5 PUSH H   E1 POP H
F5 PUSH PSW F1 POP PSW

I/O-Befehle	Specials
D3 OUT D8 (D8=8Bit Adresse)	EB XCHG (Vertauscht Inh. HL und DE)
DB IN D8	27 DAA (Dezimale Korrektur)
	2F CMA (Komplementiert Akku)
	37 STC (Carry=1)
	3F CMC (Komplementiert Carry)

Die Menge aller von der CPU ausführbaren Befehle stellt den
Befehlssatz (Instruction Set) der CPU dar. In Tab. 3.8.1 sind
alle Befehle des Mikroprozessors "8085", geordnet nach Funktion
und Adressierungsart, aufgelistet. Man kann den Befehlssatz in
vier Gruppen unterteilen, die im folgenden beschrieben werden.

3.8.1.2 Daten-Transfer-Befehle

Mit einem Transfer-Befehl werden Daten von einem Register
oder Speicher (Datenquelle) in einen anderen Speicherplatz (Zielregister, Datenempfänger) kopiert. Dabei bleiben die Daten in
der Datenquelle erhalten.

Transferbefehle mit Registeradressierung haben die Struktur
MOV R_1,R_2 (move=transportieren), wobei das R_1 das Zielregister
und R_2 die Datenquelle symbolisiert: $(R_2) \to (R_1)$.
Beispiel: Der Befehl "kopiere den Inhalt des Registers C (Quelle)
in das Register B (Senke)" lautet in Assemblersprache:
MOV B,C. Der entsprechende hexadezimale Befehlscode
ist 41.
Mit den (ebenfalls 1 Byte langen) indirekt adressierten Transfer-
Befehlen vom Typ MOV R,M wird der Inhalt der Speicherzelle, deren
Adresse im Registerpaar HL steht, in das Register R kopiert:
$((HL)) \to (R)$. Mit dem Befehl MOV M,R wird der Inhalt des Registers
R in die durch HL adressierte Zelle kopiert: $(R) \to ((HL))$. Durch
den Assemblerbefehl LDAX B (hex. Code 0A) wird der Inhalt der
Zelle, deren Adresse im Registerpaar BC steht, in den Akkumulator
kopiert: $((BC)) \to (A)$. Der Befehl STAX B (hex. Code 02) kopiert
den Inhalt des Akkumulators in die durch BC adressierte Zelle
$(A) \to ((BC))$. Das gleiche gilt für die Befehle LDAX D und STAX D,
die das Registerpaar DE als Adressenspeicher benutzen.

Die zwei Byte langen Transport-Befehle mit unmittelbarer
Adressierung bewirken, daß das 2. Byte in das vom Operationscode
spezifizierte Register geladen wird. Diese Befehle haben die
Struktur MVI R, D8. Dabei ist R ein Register und D8 ein 8-Bit-
Datenwort: $D8 \to (R)$. MVI bedeutet "move immediate" = transportiere
unmittelbar.

Beispiel: Durch den Assembler-Befehl MVI B,23H wird die
Hexadezimalzahl 23 in das Register B geladen.
Der hexadezimale Code dieses Befehls ist
```
06 23
 ↑  ↑
 │  Operand
 OP-Code
```

Die 3 Byte langen Ladebefehle mit unmittelbarer Adressierung
bewirken, daß die auf den Operationscode folgenden 2 Byte als
16-Bit-Datenwort in ein Registerpaar geladen werden.

Beispiel: Mit dem Assembler-Befehl
LXI B,1234H
wird die Hexadezimalzahl 1234H in das Registerpaar BC
geladen: 1234H → (BC). Hierbei kommt das geringerwertige
Byte (low Byte) - hier 34H - in das Register C und das
höherwertige Byte (high Byte) - hier 12H - in das Register B: 34H → (C); 12H → (B). Beim hexadezimalen Maschinenbefehl ist zu beachten, daß das low Byte an
erster Stelle nach dem Operationscode und das high Byte
an zweiter Stelle steht.
Der hexadezimale Code für LXI B,1234H lautet:
```
01 34 12
 ↑  ↑  ↑
 │  │  high-Byte (in B)
 │  low Byte in (C)
 OP-Code
```

Die 3 Byte langen Load/Store-Befehle mit direkter Adressierung
bewirken, daß der Inhalt der Zelle, deren Adresse im 2. und 3.
Befehlsbyte angegeben ist, in den Akkumulator oder aus dem Akkumulator in die angegebene Zelle kopiert wird.

Beispiel: Durch den Assembler-Befehl
LDA 1234H
wird der Akkumulator mit dem Inhalt der Zelle, deren
Adresse 1234H ist, geladen: (1234) → (A). Der hexadezimale Code für diesen Befehl ist:
```
3A 34 12
 ↑  ↑  ↑
 │  │  high Adressbyte an 2. Stelle!
 │  low Adressbyte an 1. Stelle!
 OP-Code
```

Beispiel: Durch den Assembler-Befehl
>   STA 1234H
>   wird der Inhalt des Akkumulators in die Zelle mit der
>   Adresse 1234H kopiert: (A) → (1234). Der hexadezimale
>   Code für diesen Befehl ist:
>   32 34 12

Es gibt noch einen speziellen Befehl, mit dem das Registerpaar HL geladen und einen weiteren, mit dem der Inhalt von HL in externe Speicher kopiert werden kann.

Beispiel: Mit dem Assembler-Befehl
>   LHLD 1234H
>   wird das Register L mit dem Inhalt der im Operanden
>   angegebenen Adresse - hier also mit dem Inhalt der
>   Zelle 1234H - geladen und das Register H mit dem Inhalt
>   der nächst höheren Adresse - hier also mit dem Inhalt
>   der Zelle 1235H -: (1234) → (L); (1235) → (H).

Beispiel: Mit dem Assembler-Befehl
>   SHLD 1234H
>   wird der Inhalt des Registers L in die Zelle kopiert,
>   deren Adresse im Operanden steht - hier in die Zelle
>   1234H-.
>   Der Inhalt des Registers H wird in die Zelle mit der
>   nächst höheren Adresse kopiert - hier in die Zelle
>   1235H-: (L) → (1234); (H) → (1235).

3.8.1.3 Arithmetische Befehle

Mit diesen Befehlen wird der Inhalt des Akkumulators mit dem Inhalt eines Registers R verrechnet. Das Ergebnis steht im Akkumulator. Durch diese Befehle wird das Status-Register beeinflußt (Seite 128). Die folgenden 1 Byte langen Befehle mit Register-Adressierung werden binär (nicht dezimal) durchgeführt. Dabei ist R ein CPU-Register oder eine durch das Registerpaar HL indirekt adressierte Speicherzelle.

Cy = Carry-Bit

Assembler	Funktion	Bedeutung
ADD R	$(A) + (R) \rightarrow (A)$	bin. Addition
ADC R	$(A) + (R) + (Cy) \rightarrow (A)$	bin. Addition + Übertrag
SUB R	$(A) - (R) \rightarrow (A)$	bin. Subtraktion
SBB R	$(A) - (R) - (Cy) \rightarrow (A)$	bin. Subtraktion - Übertrag
INR R	$(R) + 1 \rightarrow (R)$	Inkrementieren
DCR R	$(R) - 1 \rightarrow (R)$	Dekrementieren
INX RP	$(RP) + 1 \rightarrow (RP)$	Registerpaar RP inkr.
DCX RP	$(RP) - 1 \rightarrow (RP)$	Registerpaar RP dekr.
DAD RP	$(RP) + (HL) \rightarrow (HL)$	Inhalt des Registerpaares RP zum Inhalt des Registerpaares HL addieren. Ergebnis in HL

Durch den Befehl DAD H wird der Inhalt des Registerpaares HL verdoppelt: $(HL) + (HL) \rightarrow (HL)$. Dies ist gleichbedeutend mit einer Linksverschiebung des Inhaltes von HL um 1 Bit. Durch die 2 Byte langen arithmetischen Befehle mit unmittelbarer Adressierung wird das auf den Operationscode folgende Datenbyte D8 mit dem Akkumulatorinhalt verrechnet:

Assembler	Funktion
ADI D8	$(A) + D8 \rightarrow (A)$
ACI D8	$(A) + D8 + (Cy) \rightarrow (A)$
SUI D8	$(A) - D8 \rightarrow (A)$
SBI D8	$(A) - D8 - (Cy) \rightarrow (A)$

Der Befehl DAA (decimal adjust) dient beim Rechnen mit BCD-Zahlen (2 Dezimalzahlen pro Byte) zur "dezimalen Korrektur" eines binär errechneten Ergebnisses.

Beispiel: Die Zahl 15 im Akkumulator soll als Dezimalzahl verstanden werden. Wenn die Addition 15 + 6 ausgeführt wird, steht im Akkumulator das Ergebnis 15H + 6 = 1BH, weil der Akkumulator diese Addition binär durchführt. Mit dem Befehl DAA prüft die CPU, ob in der letzten Stelle des Ergebnisses eine Zahl größer als 9 steht. Wenn dies der Fall ist, wird die Zahl 6 (=Anzahl der Hexadezimalzahlen A...F) binär zum Ergebnis hinzuaddiert:

1BH + 6 = 21H. Damit ist die "dezimale Korrektur" durchgeführt, denn 15 + 6 = 21. Durch das AC-Flag im Statusregister kann mit dem DAA-Befehl ein Übertrag von der geringerwertigen zur höheren Dezimalstelle berücksichtigt werden.

3.8.1.4 Die logischen Befehle

Mit diesen Befehlen werden logische Verknüpfungen zwischen entsprechenden Bits des Akkumulatorinhalts A und dem Inhalt eines Registers R vorgenommen. Diese ein Byte langen Befehle arbeiten mit Registeradressierung.

Assembler	Funktion	Bedeutung
ANA R	$(A) \wedge (R) \rightarrow (A)$	UND-Verknüpfung
ORA R	$(A) \vee (R) \rightarrow (A)$	ODER-Verknüpfung
XRA R	$(A) \veebar (R) \rightarrow (A)$	Exklusiv ODER

Die folgenden zwei Byte langen Befehle mit unmittelbarer Adressierung verknüpfen das dem Operationscode folgende Byte D8 mit dem Inhalt des Akkumulators.

Assembler	Funktion	Bedeutung
ANI D8	$(A) \wedge D8 \rightarrow (A)$	UND-Verknüpfung
ORI D8	$(A) \vee D8 \rightarrow (A)$	ODER-Verknüpfung
XRI D8	$(A) \veebar D8 \rightarrow (A)$	Exklusiv ODER

<u>Beispiel:</u> Der Assembler-Befehl
ANI 7AH,
dem der hexadezimale Code
E6 7A
entspricht, bewirkt, daß die Akkumulator-Bits D_0 bis D_7 mit den entsprechenden Bits der Binärzahl, die durch 7AH ausgedrückt wird, gemäß der UND-Funktion miteinander verknüpft werden.

$$(A) = D_7 \; D_6 \; D_5 \; D_4 \quad D_3 \; D_2 \; D_1 \; D_0$$
$$7AH = \underline{0 \;\; 1 \;\; 1 \;\; 1 \quad\;\; 1 \;\; 0 \;\; 1 \;\; 0}$$
$$(A) \wedge 7AH = 0 \;\;\; D_6 \; D_5 \; D_4 \quad D_3 \; 0 \;\; D_1 \; 0$$

Wegen 1 UND $D_n = D_n$ und
  0 UND $D_n = 0$ mit $D_n = 1$ oder 0
kann durch eine UND-Verknüpfung mit einer "0" jedes beliebige Bit D_n zu "0" gemacht werden. Durch UND-Verknüpfung mit "1" wird ein Bit nicht beeinflußt. Diese Eigenschaft der UND-Funktion wird zum Löschen (Nullsetzen) bestimmter Bits und zum Ausblenden oder Maskieren uninteressanter Bits ausgenutzt.

Beispiel: Der Assembler-Befehl
  ORI 9BH,
  dem der hexadezimale Code
  FB 9B
entspricht, bewirkt, daß die Bits D_0 bis D_7 des Akkumulators mit den entsprechenden Bits der Binärzahl, die durch 9BH ausgedrückt wird, gemäß der ODER-Funktion miteinander verrechnet werden.

$$(A) = D_7\ D_6\ D_5\ D_4\quad D_3\ D_2\ D_1\ D_0$$
$$ = \underline{0\ \ 1\ \ 0\ \ 1\quad\ \ 1\ \ 0\ \ 1\ \ 1}$$
$$(A) \vee 9BH = D_7\ 1\ D_5\ 1\quad\ \ 1\ D_2\ 1\ 1$$

Wegen 1 ODER $D_n = 1$ und
  0 ODER $D_n = D_n$ mit $D_n = 1$ oder 0
kann durch eine ODER-Verknüpfung mit "1" jedes beliebige Bit D_n zu "1" gemacht werden. Durch ODER-Verknüpfung mit "0" wird das Bit nicht beeinflußt. Diese Eigenschaft der ODER-Funktion wird benutzt, um bestimmte Bits auf "1" zu setzen.

Beispiel: Durch den Assembler-Befehl
  XRI 5FH,
  dem der hexadezimale Code
  EE 5F
entspricht, werden die Bits D_0 bis D_7 mit den entsprechenden Bits der Binärzahl, die durch 5FH ausgedrückt wird, gemäß der Exklusiv-ODER-Funktion miteinander verknüpft.

$$(A) = D_7\ D_6\ D_5\ D_4\quad D_3\ D_2\ D_1\ D_0$$
$$5FH = \underline{0\ \ 1\ \ 0\ \ 1\quad\ \ 1\ \ 1\ \ 1\ \ 1}$$
$$(A) \veebar 5FH = D_7\ \overline{D_6}\ D_5\ \overline{D_4}\quad \overline{D_3}\ \overline{D_2}\ \overline{D_1}\ \overline{D_0}$$

Wegen $0 \lor D_n = D_n$ und
$1 \lor D_n = \bar{D}_n$
kann durch die Exklusiv-ODER-Funktion jedes beliebige
Akkumulator-Bit D_n invertiert werden.

Zur <u>Invertierung</u> aller 8 Bit des Akkumulators steht außerdem noch
ein spezieller ein-Bit-Befehl (implizite Adressierung) zur Verfügung: CMA (complement accumulator).
Mit dem <u>Vergleichsbefehl CMP R</u> wird der Inhalt R eines Registers
mit dem Akkumulatorinhalt A verglichen. Dabei werden der Register-
und Akkumulator-Inhalt nicht verändert. Das Vergleichsergebnis beeinflußt das Carry-Flag Cy und das Zero-Flag Z im Statusregister.
Das Ergebnis wird durch den Zustand von Cy und Z ausgedrückt.

Falls   (A) = (R) ist, wird Z = 1
        (A) $\neq$ (R)   Z = 0
        (A) > (R)   Cy = 1
        (A) < (R)   Cy = 0

Mit dem 2-Byte-Befehl CPI D8 (unmittelbare Adressierung) wird der
Inhalt des Akkumulators mit dem Datenbyte D8 verglichen. Das Vergleichsergebnis ist - wie oben beschrieben - aus dem Zustand des
Zero- und Carry-Flags zu lesen.

Auch die <u>Schiebe-</u> oder <u>Rotationsbefehle</u> zählen zur Gruppe der
logischen Befehle. Mit diesen Operationen wird der Inhalt des
Akkumulators um eine Stelle nach rechts oder links verschoben.
Die Rotation kann das Carry-Bit des Flag-Registers mit einschließen, so daß der Inhalt des höchsten oder niedrigsten Bit in das
Carry-Bit geladen und das Carry-Bit in den Akkumulator eingelesen
wird. Folgende Schiebeoperationen sind möglich:

Durch den Assembler-Befehl
RCL (rotate left carry)
wird der Akkumulatorinhalt gemäß Fig. 3.12 um 1 Bit nach links
geschoben. Das höchste Bit D_7 wird zurück in die niedrigste Stelle
D_0 <u>und</u> in das Carry-Bit transportiert.

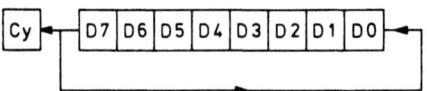

Fig. 3.12: Die Wirkung des Assembler-Befehls RLC

Durch den Assembler-Befehl
RRC (rotate right carry)
wird der Akkumulatorinhalt gemäß Fig. 3.13 um 1 Bit nach rechts
geschoben. Dabei wird D_0 nach D_7 und ins Carry-Flag transportiert.

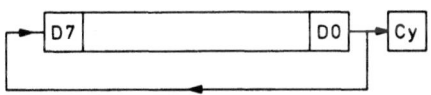

Fig. 3.13: Die Wirkung des Assembler-Befehls RRC

Durch den Assembler-Befehl
RAL (rotate accu left)
rotiert der Akkumulatorinhalt gemäß Fig. 3.14 unter Einbeziehung
das Carry-Bit um eine Stelle nach links.

Fig. 3.14: Die Wirkung des Assembler-Befehls RAL

Durch den Assembler-Befehl
RAR (rotate accu right)
rotiert der Akkumulatorinhalt gemäß Fig. 3.15 unter Einbeziehung
des Carry-Bit um eine Stelle nach rechts.

Fig. 3.15: Die Wirkung des Assembler-Befehls RAR

3.8.1.5 Die Gruppe der Sprungbefehle

Mit Sprungbefehlen ist es möglich, den Programmablauf zu unterbrechen, Teile eines Programms zu überspringen oder zu einer Programmstelle zurückzukehren. Mit den unbedingten Sprungbefehlen wird das Programm - unabhängig von den Flags des Statusregisters - an der im Operandenteil des Befehls angegebenen Adresse weitergeführt. Durch den Assembler-Befehl JMP ADR wird ein Programmsprung zur Adresse ADR durchgeführt. Dies ist ein 3 Byte-Befehl mit direkter Adressierung.

<u>Beispiel:</u> Der Assembler-Befehl

      JMP 1234H (jump)

      bewirkt einen Programmsprung zur Adresse 1234H.

      Im hexadezimal-Code lautet dieser Befehl:

```
C3 34 12
 |  |  └─ high Adressbyte
 |  └──── low Adressbyte
 └─────── Op.-Code
```

Ein weiterer unbedingter Sprungbefehl, jedoch mit indirekter Adressierung und nur ein Byte lang, ist der Befehl PCHL, der einen Programmsprung zu der Adresse ausführt, die im Registerpaar HL steht. Der Programmzähler PC wird mit **(HL)** geladen: $(HL) \rightarrow (PC)$.

Zu den wichtigsten Fähigkeiten der CPU zählen die bedingten Programmsprünge. Bedingte Sprungbefehle führen nur dann zu der im Operandenteil des Befehls angegebenen Adresse, wenn bestimmte Bedingungen erfüllt sind, die durch die Flags des Statusregisters ausgedrückt werden. Die bedingten Sprungbefehle des "8085" sind:

Assembler-Befehl	Funktion			
JNZ ADR (jump not zero)	Sprung zur Adresse ADR wenn Z = 0			
JZ ADR (jump zero)	"	"	"	ADR wenn Z = 1
JNC ADR (jump if no carry)	"	"	"	ADR wenn Cy= 0
JC ADR (jump if carry)	"	"	"	ADR wenn Cy= 1
JPO ADR (jump if parity odd)	"	"	"	ADR wenn P = 0
JPE ADR (jump if parity even)	"	"	"	ADR wenn P = 1
JP ADR (jump positive)	"	"	"	ADR wenn S = 0
JM ADR (jump minus)	"	"	"	ADR wenn S = 1

3.8.1.6 Unterprogramme

Zur Gruppe der Sprungbefehle gehören auch die Unterprogrammaufrufe CALL ADR, mit denen ein Unterprogramm aufgerufen wird, das mit der Adresse ADR beginnt. Bei größeren Programmen kommt es häufig vor, daß gewisse Prozeduren (wie z.B. die Addition mehrstelliger Zahlen) sich oft wiederholen. Es wäre Verschwendung von Speicherplatz und Programmierzeit, wenn man das Teilprogramm (zur Addition mehrstelliger Zahlen) jedesmal neu in das Programm gemäß Fig. 3.16 einschreiben würde.

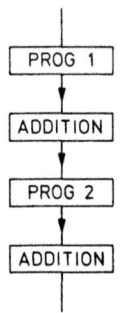

Fig. 3.16: Das Teilprogramm "ADDITION" wird im Programmablauf mehrfach benötigt

Die Unterprogrammtechnik ermöglicht hier eine elegantere Lösung. Jedesmal, wenn das Teilprogramm "ADDITION" im Hauptprogramm benötigt wird, baut man in das Programm einen einzigen Befehl, nämlich den Unterprogrammaufruf CALL ADR ein, der in das benötigte Unterprogramm führt (Fig. 3.17). Der Unterprogrammaufruf bewirkt einen Sprung vom Hauptprogramm in das Unterprogramm, das mit der im Operanden angegebenen Adresse ADR beginnt. Das Unterprogramm wird dann abgearbeitet. Am Ende des Unterprogramms muß als letzter Befehl ein Rücksprung-(= return)Befehl RET stehen. Der RET-Befehl bewirkt ebenfalls einen Programmsprung, und zwar zurück ins Hauptprogramm zu dem Befehl, der auf den Unterprogrammaufruf CALL ADR folgt.

Zur Durchführung dieser nicht einfachen Prozedur muß sich der Mikroprozessor vor dem Einsprung in das Unterprogramm die Rücksprungadresse in das Hauptprogramm "merken". Wenn die CPU

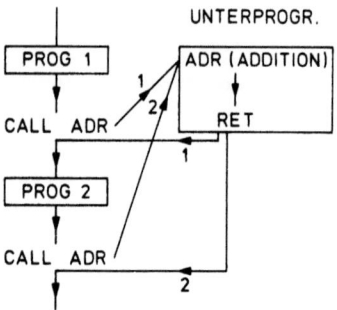

Fig. 3.17: Durch den Befehl CALL ADR wird das Additionsprogramm aufgerufen, das mit der Adresse ADR beginnt

den Befehl CALL gelesen hat, wird der Inhalt des Programmzählers PC um 3 erhöht (der CALL-Befehl ist 3 Byte lang). Der PC "zeigt" damit auf die Adresse des nächsten Befehls im Hauptprogramm. Eben diese Adresse speichert die CPU automatisch auf dem Stapelspeicher oder STACK. Dies ist - wie auf Seite 129 beschrieben - ein für spezielle Zwecke reservierter Bereich innerhalb eines RAM. Welche Adresse im RAM als STACK-Speicherplatz benutzt wird, gibt der STACK-POINTER an. Dies ist ein 16 Byte-Register, dessen Inhalt die zuletzt angesprochene STACK-Adresse ist.

Zur Speicherung der Rücksprungadresse wird der STACK-POINTER dekrementiert: (SP) = (SP) - 1 (Fig. 3.18). Das höchste Adress-Byte (PC high) wird in der Speicherzelle gespeichert, auf die der STACK-POINTER jetzt zeigt. Dann wird der STACK-POINTER abermals dekrementiert und das niederwertige Adress-Byte (PC low) in die vom STACK-POINTER adressierte Speicherzelle transportiert. Sobald auf diese Weise die Rücksprungadresse "gerettet" ist, wird der PC mit der im CALL-Befehl angegebenen Adresse geladen und das Unterprogramm abgearbeitet.

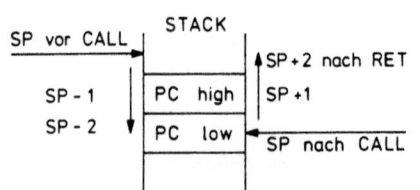

Fig. 3.18: Die Wirkung des CALL-Befehls auf den STACK

Nachdem das mit CALL ADR aufgerufene Unterprogramm abgearbeitet ist, wird als letzter Unterprogrammbefehl der Rücksprungbefehl RET ausgeführt. Dieser RET-Befehl bewirkt, daß die im STACK gespeicherte Rücksprungadresse wieder in den Programmzähler PC geladen wird. Der STACK-POINTER zeigt auf die STACK-Adresse, die das niederwertige Rücksprungadressbyte enthält. Dies wird automatisch in das niederwertige Byte des Programmzählers geladen. Danach wird der STACK-POINTER inkrementiert und der Inhalt des nächsten STACK-Registers in das höherwertige Byte des Programmzählers geladen. Zum Abschluß des Rücksprungbefehls RET wird der STACK-POINTER noch einmal inkrementiert. Damit hat der STACK-POINTER den Wert vor Durchführung des Unterprogrammaufrufs CALL ADR. Und der Programmzähler PC enthält die nächste Befehlsadresse im Hauptprogramm, das nun fortgesetzt wird.

Unterprogramme können also nur in Verbindung mit einem Stapelspeicher durchgeführt werden. Das setzt einen dafür reservierten RAM-Bereich voraus, dessen Adressenverwaltung der STACK-POINTER durchführt. Der STACK-POINTER sollte zu Beginn des Hauptprogramms mit der höchsten Adresse des für den Stapelspeicher vorgesehenen Bereiches geladen werden. In dem in Fig. 3.11 dargestellten Mikroprozessorsystem lautet die höchste RAM-Adresse 17FFH. Dies könnte z.B. die Anfangsadresse des STACK sein. Mit dem Ladebefehl LXI SP,17FFH (hexadezimal Code: 31 FF 17) wird der STACK-POINTER "initialisiert".

Jeder CALL-Befehl dekrementiert den STACK-POINTER um 2, womit sich der STACK von der Anfangsadresse in Richtung niedriger Adresswerte ausdehnt. Mit einem Rücksprungbefehl RET wird der STACK-POINTER wieder um 2 Werte erhöht und der STACK in Richtung auf die Anfangsadresse um 2 Plätze verkleinert. Aufgrund dieser STACK-Organisation ist es möglich, in einem Unterprogramm wieder ein anderes Unterprogramm aufzurufen und in diesem ein weiteres und so fort (Fig. 3.19). Die Schachteltiefe der Unterprogramme ist nur durch die Größe des STACK begrenzt. Bei verschachtelten Unterprogrammaufrufen ist fortlaufend eine 2 Byte lange Rücksprungadresse im STACK zu speichern. Diese werden mit den Return-Befehlen am Ende eines Unterprogrammes in umgekehrter Reihenfolge wieder vom STACK in den Programmzähler geladen (Fig. 3.20).

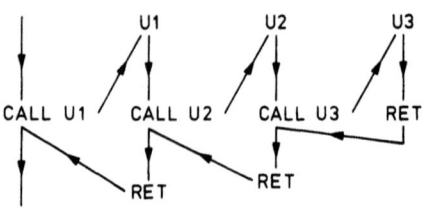

Fig. 3.19: Im Unterprogramm U_1 wird das Unterprogramm U_2 und darin U_3 aufgerufen

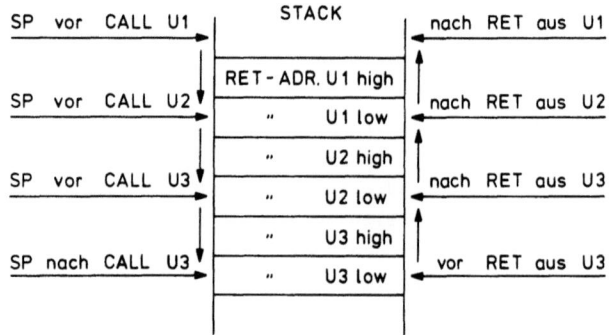

Fig. 3.20: Die Wirkung verschachtelter Unterprogrammaufrufe auf den STACK

Ganz ähnlich wie bei den Sprungbefehlen gibt es unbedingte und bedingte Unterprogrammaufrufe und ferner bedingte und unbedigte Rücksprungbefehle. Die Befehle CALL ADR und RET werden unabhängig von den Flags des Status-Registers durchgeführt (unbedingt). Die restlichen Unterprogramm- und Rücksprungbefehle werden bedingt, das heißt abhängig von den Status-Flags ausgeführt. Die Mnemonik dieser Befehle lehnt sich an die Bezeichnung der entsprechenden Sprungbefehle an.

3.8.1.7 STACK-Operationen und I/O-Befehle

Im letzten Abschnitt wurde beschrieben, wie der Inhalt des Programmzählers PC auf den Stapelspeicher (STACK) geladen und von diesem wieder in den PC zurücktransportiert werden kann. In ganz ähnlicher Weise lassen sich die Inhalte der Registerpaare BC, DE und HL sowie der Inhalt des "Programmstatuswortes" PSW, das aus dem Inhalt des Akkumulators und des Statusregisters besteht, auf den STACK und von dort in die Register zurück laden.
Mit den Befehlen

```
PUSH B      hexadezimal-Code C5
PUSH D                       D5
PUSH H                       E5
PUSH PSW                     F5
```

werden die entsprechenden Registerpaare auf den STACK geladen und wird der STACK-POINTER jeweils um 2 erniedrigt. Nach diesen Befehlen zeigt der STACK-POINTER auf die STACK-Adresse, die das low Byte des zuletzt übertragenen Registerpaares enthält.

Wenn mehrere hintereinander im STACK gespeicherte Registerinhalte wieder in die zugeordneten Registerpaare transportiert werden sollen, muß das zuletzt übertragene Registerpaar als erstes vom STACK zurückgeladen werden. Dies geschieht unter Beachtung der richtigen Reihenfolge mit den Befehlen

```
POP PSW     hexadezimal-Code F1
POP H                        E1
POP D                        D1
POP B                        C1
```

Mit jedem POP-Befehl werden 2 Speicherplätze des STACK ausgelesen (für das low und das high Byte), der STACK-POINTER wird um 2 inkrementiert.

Die PUSH- und POP-Befehle sind nützlich, um Registerinhalte kurzfristig zu "retten". Dieser Fall kann z.B. bei einem Unterprogrammaufruf eintreten, wenn das Unterprogramm mit Registern arbeitet, auf die auch das Hauptprogramm zugreift. Dann muß mit dem Unterprogrammaufruf nicht nur die Rücksprungadresse im STACK gespeichert werden, sondern zu Beginn des Unterprogramms sind mittels der PUSH-Befehle die Inhalte aller Register, mit denen das Unterprogramm arbeitet, auf den STACK zu laden. Vor Beendigung des Unterprogrammes durch den Rücksprungbefehl sind die so geretteten Registerinhalte in umgekehrter Reihenfolge - das zuletzt gerettete Registerpaar zuerst - wieder zurück vom STACK in die zugehörigen Registerpaare mittels der POP-Befehle zu übertragen. Ein solches mit dem Befehl CALL ADR aufgerufenes Unterprogramm, das die Register B,C,D,E,H,L und den Akkumulator (PSW) benutzt, hat folgende Struktur:

Adresse	Befehl	Kommentar
ADR	PUSH B	1. Befehl: rette BC auf STACK
	PUSH D	DE
	PUSH H	HL
	PUSH PSW	PSW
	.	
	.	
	.	
	POP PSW	PSW von STACK in Akku. und Statusregister
	POP H	HL vom STACK zurück
	POP D	DE
	POP B	BC
	RET	Rücksprungbefehl

Fig. 3.21 zeigt die bei diesem Programm auf dem STACK ablaufenden Schreib- und Leseoperationen.

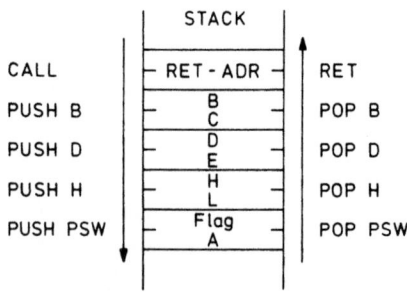

Fig. 3.21: Zwischenspeicherung von Registerinhalten auf dem STACK

Bei den I/O-Befehlen handelt es sich um folgendes. Ein Port- oder Peripherieregister kann normalerweise wie ein RAM- oder ROM-Speicherplatz adressiert und mit Datentransferbefehlen beschrieben oder gelesen werden. Bei einigen komplexen Peripherieschaltkreisen jedoch haben Peripherieregister und andere Speicherplätze dieselbe Adresse. Das Signal IO/$\overline{M}$ des Kontrollbus gibt an, ob eine Speicherzelle ($\overline{M}$) oder ein Peripherieregister (IO) angesprochen werden soll. Das Steuersignal IO/$\overline{M}$ wird von dem 2 Byte langen Ausgabebefehl OUT D8 und dem Einlesebefehl IN D8 aktiviert, so daß ein Peripherieregister anzusprechen ist. Der Operand D8 ist eine 8-Bit-Kurzadresse, die sich aus den untersten 4 Adress-Bit A_0 bis A_3 und den obersten 4 Adress-Bit A_{12} bis A_{15} zusammensetzt.

Bei dem in Fig. 3.11 dargestellten Mikroprozessorsystem sind alle Systemadressen eindeutig. Jede Zelle hat eine separate Adresse, so daß die Unterscheidung zwischen Peripherieregistern und Speicherzelle durch das Signal IO/$\overline{M}$ nicht nötig ist. Wir können daher mit dem normalen Ladebefehl LDA 2000H (entsprechend dem hexadezimal Code 3A 00 20) den Inhalt des PORT A in den Akkumulator laden und mit dem Befehl STA 2000H (entsprechend dem hexadezimal Code 32 00 20) den Inhalt des Akku zum PORT A übertragen. Ebenso ist mit dem 2 Byte langen Befehl
OUT 20 (hexadezimal Code D3 20) der Inhalt des Akkumulators zum PORT A mit der Adresse 2000H zu übertragen.
Mit dem Befehl
IN 20 (hexadezimal Code DB 20) liest die CPU den Zustand des PORT mit der Adresse 2000H in den Akkumulator.

3.8.1.8 Interrupt-Behandlung

Wie schon auf Seite 130 beschrieben, hat der Mikroprozessor "8085" vier Interrupt-Eingänge. Wird im Laufe eines Programmes ein solcher Eingang an "1" gelegt, so kann die CPU den gerade geladenen Befehl beenden, den Inhalt des Programmzählers auf den STACK retten und den Programmzähler mit einer Adresse laden, die gemäß Tab. 3.8.2 dem angesprochenen Interrupt-Eingang zugeordnet ist.

Interrupt-Eingang Anschluß-Nr.	Interrupt-Startadresse	Name	Bemerkung
6	0024H	TRAP	nicht maskierbar
7	003CH	RST 7.5	maskierbar
8	0034H	RST 6.5	maskierbar
9	002CH	RST 5.5	maskierbar

Tabelle 3.8.2

Mit einer "1" an einem Interrupt-Eingang unterbricht die CPU unter bestimmten Bedingungen das laufende Programm und fährt als Reaktion auf die Interrupt-Anforderung mit einem Interrupt-Programm fort, das mit der zugeordneten Interrupt-Startadresse beginnt.

Für ein Interrupt-Programm gelten ähnliche Überlegungen wie für ein Unterprogramm (Seite 151). Da eine Interrupt-Anforderung an jeder Stelle des Programms und zu jeder Zeit - unvorhersehbar - eintreten kann, müssen alle Register, auf die das Interrput-Programm zugreift, zu Beginn des Interrupt-Programmes auf den STACK geladen werden. Nur so kann nach Wiederherstellung der Registerinhalte am Ende des Interrupt-Programmes, das wie ein Unterprogramm mit einem Rücksprungbefehl abschließt, das Hauptprogramm mit unveränderten Registerinhalten weitergeführt werden. Die Struktur eines Unterprogrammes entspricht damit der auf Seite 156 beschriebenen Unterprogrammstruktur mit Rettung und Rückspeicherung der Registerinhalte. Die Programmverzweigung bei einer Interrupt-Anforderung zeigt Fig. 3.22. Wenn mehrere Interrupt-Anforderungen gleichzeitig eintreffen, entscheidet die CPU aufgrund der intern festgelegten Priorität, auf welche Anforderungen zuerst reagiert wird. In Tab. 3.8.2 sind die Interrupt-Adressen nach fallender Priorität geordnet. Der Interrupt mit der höchsten Priorität wird zuerst bearbeitet.

Sobald die CPU eine Interrupt-Anforderung angenommen hat, sperrt sie automatisch alle später eintreffenden maskierbaren Interrupts (siehe Seite 130). Die während eines laufenden Interruptprogramms auftretenden maskierbaren Interrupt-Anforderungen können nach Abschluß des Interruptprogramms in der Reihenfolge ihrer Priorität abgearbeitet werden. Dazu ist es erforderlich, durch den Befehl EI (enable interrupt) weitere Unterbrechungen

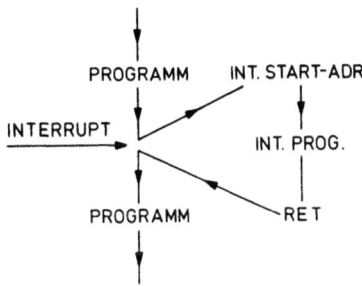

Fig. 3.22: Programmverzweigung bei einem Interrupt

zuzulassen. Daher enden die Interrupt-Programme meist mit den beiden Befehlen

    EI   Unterbrechungen freigeben

    RET   Rückkehr zum unterbrochenen Programm.

Der Befehl EI wird erst nach Durchführung des folgenden Befehls wirksam (hier nach dem Befehl RET, also nach Rücksprung aus dem Interrupt-Programm). Mit dem Befehl EI kann man auch während eines laufenden Interrupt-Programms weitere Unterbrechungen zulassen.

Der nicht maskierbare Interrupt unterbricht jedes Programm und sollte daher nur für äußerste Notfälle (wie Spannungsausfall) benutzt werden. Mit dem Befehl DI (disable interrupt) können alle maskierbaren Interrupts gesperrt werden. Darüber hinaus lassen sich mit bestimmten Bits des Interrupt-Mask-Registers die maskierbaren Interrupts einzeln freigeben oder sperren. Die Organisation des Mask-Registers zeigt Fig. 3.23

```
              BIT NR.
       7  6  5  4  3  2  1  0
      |SOD|SOE| - | R | M | M | M | M |
                  |7,5|SE |7,5|6,5|5,5|
```

Fig. 3.23 : Das Interrupt-Mask-Register

M = Mask-Bit. Durch eine "1" werden die maskierbaren Interrupts gesperrt, durch eine "0" zugelassen.

MSE = Mask Set Enable. Die Interrupt-Mask-Bits können nur verändert werden, wenn MSE = "1" ist.

R7.5 = Lösch-Bit für das "Request-Flip-Flop" des Interrupts RST 7.5. Während die Interrupts 6.5 und 5.5 durch eine "1" am Interrupt-Eingang ausgelöst werden, die bis zur Annahme der Interrupt-Anforderung anstehen muß, wird der Interrupt RST 7.5 durch eine positive Impulsflanke ausgelöst, der das "Request-Flip-Flop" setzt. Dies wird am Ende des Interrupt-Programms durch den Enable-Befehl EI gelöscht, kann aber auch durch eine "1" im Lösch-Bit zurückgesetzt werden.

SOE = Seriell Output Enable. Mit SOE = "1" kann der Inhalt des Akkumulator-Bits 7 durch den Befehl SIM zum seriellen Ausgang SOD des "8085" übertragen und in das Bit 7 des Mask-Registers SOD kopiert werden.

Der Inhalt des Akkumulators wird mit dem Befehl SIM (set interrupt mask) in das Interrupt-Mask-Register übertragen. Mit dem Befehl RIM (read interrupt mask) kann dessen Inhalt in den Akkumulator gelesen werden. Den Inhalt des Akkumulators nach RIM zeigt Fig. 3.24. Die Bits 0 bis 3 entsprechen denen des Interrupt-Mask-Registers. Die Bits 4 bis 6 geben den Zustand der Interrupt-Anforderungen wieder. Über den Eingang SID (serial input data) des "8085" kann das Bit 7 des Interrupt-Mask-Registers von außen gesetzt werden. Mit RIM läßt sich so der Zustand des Eingangs SID lesen. Bitweise seriell über SID empfangene Daten können per Programm mittels Schiebeoperationen zu einem Datenwort aneinander gereiht werden.

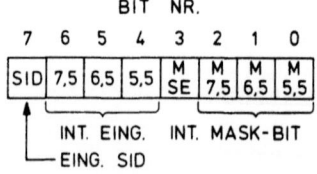

Fig. 3.24: Der Inhalt des Akkumulators nach dem Befehl RIM

3.8.2 Anwendungsbeispiel

3.8.2.1 Dateneingabe- und Ausgabe

Das auf Seite 131 beschriebene Mikroprozessorsystem soll so erweitert werden, daß Daten über eine Tastatur in das System eingegeben und über einen LED-Display ausgegeben werden können.

Die Tastatur besteht aus 16 Tasten mit Zahlen und Funktionssymbolen, die gemäß Fig. 3.25 eine Schaltmatrix bilden. Die vier niederwertigen Bits C0 bis C3 des Port C bilden den eigentlichen Dateneingang. Die höherwertigen vier Bits C4 bis C7 werden als Ausgang programmiert. Die Eingangsleitungen bilden die Spalten-Leitungen S und die Ausgangsleitungen die Zeilen-Leitungen Z der Schaltmatrix. Nur jeweils eine der vier Ausgangsleitungen Z soll im "1"-Zustand sein. Wenn eine Taste gedrückt wird, die mit einer auf "1" liegenden Ausgangsleitung verbunden ist, geht auch die zugeordnete Eingangsleitung S in den "1"-Zustand. Die Ausgangsleitungen werden zyklisch nacheinander für kurze Zeit auf "1" gesetzt. So kann jede gedrückte Taste eindeutig durch den Zustand von Ausgangs- und Eingangsleitung "erkannt" werden. Mit der matrixförmigen Schalteranordnung können 16 Tasten über einen 8 Bit-Port abgefragt werden.

An den Port A sind über einen BCD-zu 7-Segment-Dekoder vier LED-Displays D0 bis D3 angeschlossen. Die niederwertigen vier Bit A0 bis A3 des Port A liefern die BCD-Information. Die oberen vier Bit des Port C werden in zyklischer Reihenfolge zum "Scannen" der Schaltermatrix nacheinander kurzzeitig auf "1"-Potential gelegt. Mit diesen sich nicht überlappenden Impulsen werden auch die vier LED-Displays zyklisch ein- und ausgeschaltet. Dies sind die Steuersignale einer gemultiplexten Anzeige (siehe Seite 78), um den Inhalt eines Displayregisters darzustellen, der bitparallel und zeichenseriell synchron mit den Steuersignalen über Port A ausgegeben werden muß.

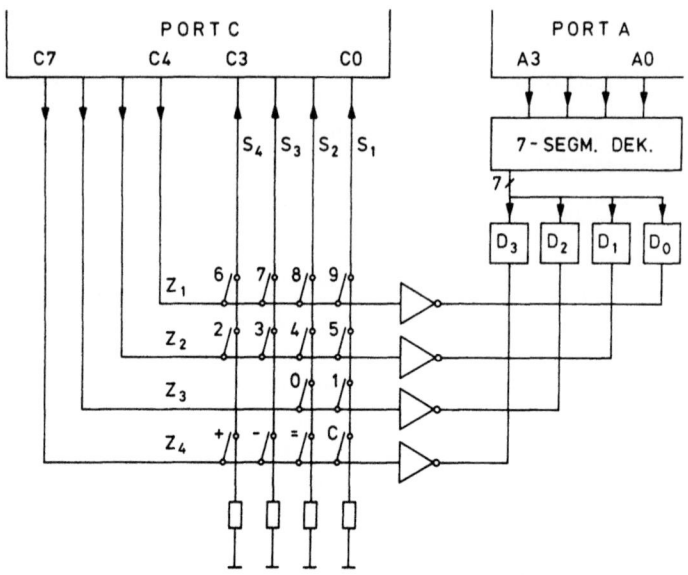

Fig. 3.25: Tastenfeld und LED-Display sind über PORT C
und A mit dem Mikroprozessorsystem verbunden

Die Programmierung eines Mikroprozessorsystems setzt die Kenntnis der Hardware voraus. Jeder Speicherplatz und jedes Register des Systems hat eine durch die Adressdekodierung festgelegte Adresse. Die Hexadezimaladressen unseres Systems sind:

Adressen	Name des Speicherplatzes
0000 bis 07FF	ROM 1
0800 bis 0FFF	ROM 2
1000 bis 17FF	RAM
2000	PORT A
2001	PORT B
2002	PORT C
2003	PORT-Kontrollregister

Sollen Daten über einen Port in das Mikroprozessorsystem eingelesen oder aus dem System ausgegeben werden, so ist der Port zunächst als Eingang bzw. Ausgang zu programmieren. Der Port-Schaltkreis verfügt über ein Kontrollregister, dessen Bits festlegen, ob der zugeordnete Port Eingang oder Ausgang ist. Beim Einschalten des Systems wird zunächst ein Lösch- oder Reset-Signal erzeugt (Seite 125), das durch Löschen des Kontrollregisters alle Portanschlüsse in den Eingangs-Mode setzt. Dadurch soll verhindert werden, daß undefinierte Ausgangssignale abgegeben werden.

Am Anfang eines Programms muß ein Programmteil zur "Initialisierung" aller Systemkomponenten stehen, das diese in die gewünschten Anfangszustände bringt. In unserem System sollen die unteren vier Bit des Port C als Eingang und die höheren als Ausgang programmiert werden. Alle 8 Bit des Port A sollen Ausgang sein. Das "Kontrollwort" für diese Port-Konfiguration ist der technischen Beschreibung des Intel-Portschaltkreises 8255 zu entnehmen. Es lautet: 1000 0011B = 83H. Dies Kontrollwort ist zur Adresse 2003H des Kontrollregisters zu übertragen. Zu dem Zweck wird zunächst mit dem Befehl
      MVI A,83H
das Kontrollwort in den Akkumulator geladen und mit dem Befehl
      STA 2003H
oder
      OUT 23H
in das Kontrollregister übertragen.
Um mit Unterprogrammen oder mit Interrupts arbeiten zu können, ist im Initialisierungsteil des Programmes der STACK-POINTER mit der Anfangsadresse des STACK zu laden. Es ist in unserem System zweckmäßig, den STACK mit der höchsten Adresse des RAM, der Adresse 17FFH beginnen zu lassen. Durch den Befehl
      LXI SP,17FFH
wird der STACK-POINTER mit diesem Wert geladen. In Assembler-Programmen arbeitet man möglichst nicht mit hexadezimalen, sondern mit symbolischen Adressen, deren Namen man sich leicht merken kann. Die Zuweisung der hexadezimalen Adressen, mit denen das System arbeitet, zu den symbolischen Adressen des Assembler-Programmes wird durch einen speziellen Assembler-Befehl (möglichst am Anfang des Programmes) vorgenommen.

Durch die Assembler-Anweisung EQU mit der Befehlsstruktur
NAME EQU ADR wird dem Symbol NAME die Adresse ADR zugeordnet.
Wenn ein Computer das Assembler-Programm in den Maschinencode
überträgt, weist er automatisch den symbolischen Adressen die
durch EQU festgelegten Adresswerte zu.

Im folgenden werden die Programme in einem listenförmigen Schema
mit sechs Spalten geschrieben:

1. Spalte: Nummer der Programmzeile
2. Spalte: Hexadezimale Befehlsadresse
3. Spalte: Symbolische Adresse (Label)
4. Spalte: Hexadezimaler Befehlscode
5. Spalte: Assembler-Befehl (Mnemonik)
6. Spalte: Kommentar

Das Programm zum Initialisieren der PORTs und des STACK-POINTERS
beginnt mit der Programmstartadresse 0. Zuerst jedoch werden die
symbolischen Adressen definiert.

Zeile	Adresse	Label	Op.-Code	Mnemonik	Kommentar
1		PORTA		EQU 20H	
2		PORTB		EQU 21H	
3		PORTC		EQU 22H	
4		CONTREG		EQU 23H	
5		ANFSTACK		EQU 17FFH	
6	0000	INIT	3E 83	MVI A,83H	Kontrollwort
7	0002		D3 23	OUT CONTREG	Kontrollregister
8	0004		31 FF 17	LXI SP,ANFSTACK	STACK-POINTER

Nun muß der Programmteil erstellt werden, der feststellt, ob eine
Taste betätigt ist, und der entsprechend dem Tastensymbol eine Ziffer zum Display überträgt oder eine Tastenfunktion ausführt. Dieses
Programm besteht aus vier Teilen.

1. Das Tastenabfrageprogramm lädt eine Zahl 0 bis 9 entsprechend
dem Symbol auf der betätigten Taste in ein Register.

2. Das Ladeprogramm überträgt diesen Registerinhalt in ein
Anzeigeregister (Displayregister).

3. Das Tastenfunktionsprogramm führt die dem Tastensymbol entsprechende Funktion aus.

4. Das Display-Programm DISPLAY überträgt den Inhalt des Displayregisters zeichenseriell zum PORT A.

Zur Tastenabfrage werden nacheinander die Port-Ausgänge C4 bis
C7 auf "1"-Potential gelegt (Matrix-Zeilen). Während des "1"-
Zustandes eines Port-Ausgangs muß der Zustand der Eingangsbits
CO bis C3 abgefragt werden (Matrix-Spalten). Falls eine Ziffern-
taste gedrückt ist, was die CPU an der zugehörigen positiven Eingangsleitung CO bis C3 feststellen kann, wird eine "Kennzahl" in
ein Register - z.B. das Register B - geschrieben. Die 4 unteren
Bits der Kennzahl bestehen aus den Eingangsbits CO bis C3. In
die oberen 4 Bits wird der höchste Ziffernwert der aktivierten
Matrix-Zeile eingeschrieben, woraus der Ziffernwert der betätigten
Taste leicht zu beschreiben ist. Nachdem alle Matrix-Zeilen nacheinander auf "1"-Potential gelegt und die Tastenabfrage durchgeführt wurde, muß im anschließenden Programmteil aus der Kennzahl
der Ziffernwert der betätigten Taste berechnet und in das Display-
Register übertragen werden. Im letzten Programmabschnitt wird die
Matrix-Zeile mit den Funktionstasten abgefragt. Danach beginnt
der nächste Programmdurchlauf usw.

Die Matrix-Zeilenleitungen werden gleichzeitig zum Multiplexen der LED-Anzeige benötigt. Daher ist vor dem Aktivieren
einer Zeilenleitung der Inhalt des zugeordneten Display-Registers
zum PORT A zu übertragen. Vor der Übertragung eines neuen Wertes
ist jedoch die vorher aktivierte Zeilenleitung abzuschalten, damit
der neu ausgegebene Display-Registerinhalt nicht dem vorher aktivierten LED-Display zugeordnet wird. Das Display-Register DR ist im
RAM untergebracht. Es besteht aus 2 Byte. Jedes Byte enthält zwei
BCD-Ziffern DR:

DR_3 DR_2 DR_1 DR_0
high Byte   low Byte
Die Adresse des low Byte sei 1000H.
Die Adresse des high Byte sei 1001H.

Ferner muß ein Rechenregister zur Durchführung der Addition bei
Betätigung der "+"-Taste und zur Subtraktion bei Betätigung der
"-"-Taste vorhanden sein. Das Rechenregister RR hat dasselbe
Format wie das Display-Register DR:

RR_3 RR_2 RR_1 RR_0
high Byte   low Byte
Die Adresse des high Byte sei 1002H.
Die Adresse des low Byte sei 1003H.

Schließlich muß noch ein Hilfsregister HR zur Speicherung des zuletzt gedrückten Funktionstastenwertes vorgesehen werden, damit bei Betätigung der "="-Taste die gewünschte Rechenoperation durchgeführt wird. Das Hilfsregister HR soll die Adresse 1004H haben. Wenn in groben Umrissen festgelegt ist, welche Operationen zur Lösung der gestellten Aufgaben durchzuführen sind, sollte man den Programmablauf schematisch in einem Flußdiagramm darstellen. Ein Flußdiagramm ist eine übersichtliche graphische Darstellung einer Programmsequenz. Dabei werden komplexe Programmteile durch einfache Standardsymbole wiedergegeben. Diese Programmabschnitte können im nächsten Programmentwicklungsschritt in weiteren Flußdiagrammen dargestellt werden. Fig. 3.26 zeigt einige für Flußdiagramme gebräuchliche Standardsymbole:

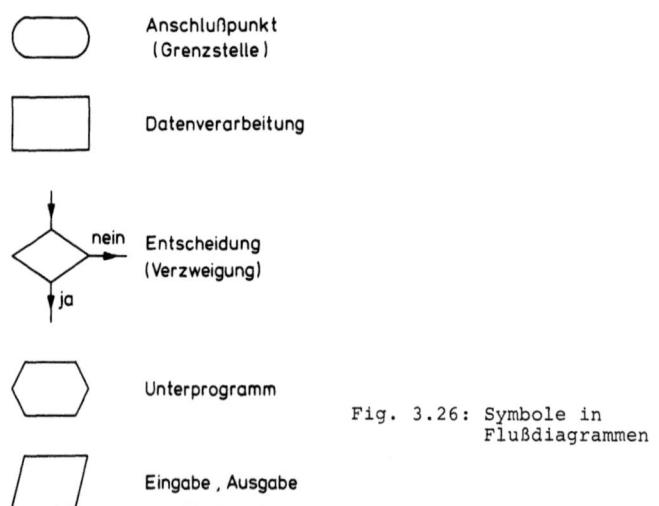

Fig. 3.26: Symbole in Flußdiagrammen

Der beschriebene Programmablauf zur Abfrage der Schaltermatrix und zur Ausgabe des Display-Registerinhaltes über die gemultiplexte LED-Anzeige wird durch das Flußdiagramm in Fig. 3.27 dargestellt.

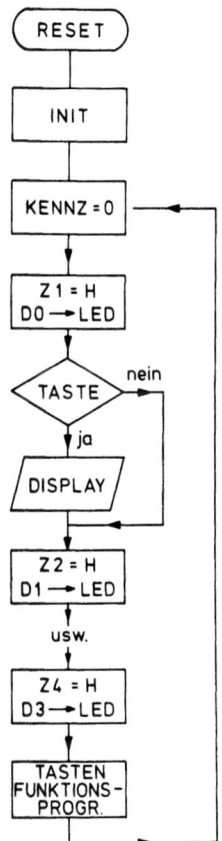

Fig. 3.27: Flußdiagramm zur Schalter-
abfrage und Ansteuerung
eines LED-Displays

Der im Flußdiagramm skizzierte Programmablauf muß im Assembler-Programm in kleine, von der CPU durchführbare Operationen zerlegt werden. Für den Programmierer und den Leser ist ein **Assembler-Programm** umso leichter lesbar, je ausführlicher die Programmschritte kommentiert sind. Die folgenden Assembler-Programme enthalten in der 1. Spalte eine symbolische Adresse (Label), in der 2. den mnemonischen Befehlscode und in der 3. Spalte den Kommentar. Die hexadezimalen Adressen und der hexadezimale Befehlscode sind weggelassen.

Das Assembler-Programm TAST zur Tastenabfrage schließt an das Initialisierungs-Programm INIT an. Es beginnt also mit der hexadezimalen Adresse 0007. Bevor das eigentliche Programm beginnt, werden den symbolischen Register- und Port-Adressen die hexadezimalen Adressen, die diese Einheiten im Mikroprozessorsystem haben, zugeordnet.

Label	Mnemonik	Kommentar
DRL	EQU 1000H	DR low Byte Display-Register
DRH	EQU 1001H	DR high Byte
RRL	EQU 1002H	RR low Byte Rechenregister
RRH	EQU 1003H	RR high Byte
HR	EQU 1004H	Hilfsregister
PORTA	EQU 20H	Port A = Ausgang an LED
PORTC	EQU 22H	Port C = Tasten-Ein/Ausgabe
TAST	MVI B,0	Lösche Kennziffer
	MVI A,0	
	OUT PORTC	keine Zeile aktiv
	LDA DRL	
	OUT PORTA	DR_0 an LED
	MVI A,10H	
	OUT PORTC	1. Zeile aktiv
	IN PORTC	Zustand der Tastenmatrix lesen
	ANI 0FH	obere 4 Bit = 0
	ORI 90H	obere 4 Bit = 9 = größte Ziffer
	MOV B,A	Kennziffer nach B Zeile 1
	ANI 0FH	(A) = Zustand der Eingangsleitungen S
	CNZ DISPLAY	falls Taste: Ziffer an LED
	MVI A,0	
	OUT PORTC	keine Zeile aktiv
	LDA DRL	
	RAR	obere 4 Bit in
	RAR	untere 4 Bit schieben
	RAR	
	RAR	
	OUT PORTC	DR_1 an LED
	MVI A,20H	
	OUT PORTC	2. Zeile aktiv
	IN PORTC	

```
ANI 0FH              obere 4 Bit = 0
ORI 50H              obere 4 Bit = 5 = größte Ziffer
MOV B,A              Kennziffer nach B              Zeile 2
ANI 0FH              (A) = Zustand der Eingangsleitungen S
CNZ DISPLAY          falls Taste: Ziffer an LED
MVI, A,0
OUT PORTC            keine Zeile aktiv
LDA DRH
OUT PORTA            DR$_2$ an LED
MVI A,40H
OUT PORTC            3. Zeile aktiv
IN PORTC
ANI 0FH              obere 4 Bit = 0
ORI 10H              obere 4 Bit = 1 = größte Ziffer
MOV B,A              Kennziffer nach B              Zeile 3
ANI 0FH
CNZ DISPLAY          falls Taste: Ziffer an LED
MVI, A,0
OUT PORTC            keine Zeile aktiv
LDA DRH
RAR                  obere 4 Bit in
RAR                  untere 4 Bit
RAR                  schieben
RAR
OUT PORTA            DR$_3$ an LED
MVI A,80H
OUT PORTC            4. Zeile aktiv
IN PORTC             Zustand Tastenmatrix lesen
CPI 88H              Taste "+"
CNZ PLUS             speichert Funktionstaste "+" in HR
CPI 84H              Taste "-"
CNZ MINUS            speichert Funktionstaste "-" in HR
CPI 82H              Taste "="
CNZ GLEICH           eingegebene Operation ausführen
CPI 81H              Taste "CLEAR"
CNZ CLEAR            lösche DR
JMP TAST             nächste Tastenabfrage
```

3.8.2.2 Die Unterprogramme

Das Unterprogramm DISPLAY wird nach Aktivierung einer Matrixzeile aufgerufen, falls eine mit der Zeilenleitung verbundene Taste gedrückt wurde (nur dann ist ein Bit C0 bis C3 positiv und nach dem Befehl ANI 0FH der Akkumulatorinhalt ungleich Null).

Zu Beginn des Unterprogramms DISPLAY steht die Information, ob eine Taste, und welche, gedrückt wurde in codierter Form im Register B. Die oberen vier Bit geben den höchsten Ziffernwert der abgefragten Tasten an und die unteren vier Bit den Zustand der Eingangsleitungen C0 bis C3 und damit die durch Tastendruck aktivierte Matrixspalte. Daraus berechnet das Unterprogramm DISPLAY den Ziffernwert der betätigten Taste.

Jedesmal, wenn eine Zifferntaste gedrückt wurde, soll die eingegebene Ziffer in der letzten DISPLAY-Stelle erscheinen. Die bereits eingegebenen Ziffern werden alle um eine Stelle nach links geschoben, wobei die höchste Ziffer verschwindet. Mit vier Schiebeoperationen wird die eingegebene Ziffer Bit für Bit in das DISPLAY-Register eingegeben. Das DISPLAY-Register besteht aus zwei Byte, so daß das Auslesen des Registers B und die Verschiebung des DISPLAY-Registers um ein Bit in drei Schritten durchgeführt werden muß.

<u>1.</u> Verschiebung des Inhalts des Registers B (eingegebene Ziffer) um eine Stelle nach links. Das höchste Bit B7 wird in das Carry-Bit übertragen (Fig. 3.28).

Fig. 3.28: Das höchste Bit des Registers B soll in das Carry-Flag geschoben werden

<u>2.</u> Verschiebung des Registerinhalts DRL um eine Stelle nach links, wobei das Carry-Bit in die niedrigste Stelle DRL0 des Registers eingelesen und das höchste Bit DRL7 in das Carry-Bit übertragen wird (Fig. 3.29).

Fig. 3.29: Der Inhalt des Registers DRL wird um eine Stelle nach links geschoben und der Inhalt des Carry-Flags "nachgezogen"

<u>3.</u> Verschiebung des Registerinhalts DRH um eine Stelle nach links, wobei das Carry-Bit in die niedrigste Stelle DRH0 des Registers eingelesen wird (Fig. 3.30).

Fig. 3.30: Das BIT DRL7 wird in das Register DRH geschoben

Diese drei Schritte sind für die vier Bit des eingegebenen Ziffernwertes - beginnend mit dem niedrigsten Bit - viermal durchzuführen. Das Programm soll zyklisch durchlaufen werden.

DISPLAY	MOV C,B	Kennziffer nach C
	MVI D,4	D=Schleifenzähler: 4 Durchläufe
DISPL1	MOV A,C	prüfe C0 bis C3:
	RAR	Verschiebung nach rechts C0→Cy
	MOV C,A	Akku nach C
	JC DISPL2	Carry="1", falls Taste gedrückt
	MOV A,B	Ziffernwert in höchsten 4 Bit;
	SBI 10H	nächster Ziffernwert um 1 kleiner
	MOV B,A	
	DCR D	alle Bit C0 bis C3 geprüft?
	JNZ DISPL1	oberste 4 Bit in B=Tastenziffer
DISPL2	MVI C,4	Schleifenzähler: 4 Bit nach DR
DISPL3	LXI H,DL	Adresse Displayreg, low Byte→HL
	MOV A,B	höchsten 4 Bit = eingeg. Ziffer
	RAL	Ziffernwert um 1 Bit verschieben B7→Cy
	MOV B,A	Akku nach B
	MOV A,M	Display-Reg. DRL in Akku
	RAL	B7→DRL0;DRL7→Cy (s. Fig. 3.29)
	MOV M,A	
	INX H	Adresse Displayreg. high Byte

```
            MOV A,M         DRH in Akku
            RAL             DRL7→DRH0 (s. Fig. 3.30)
            MOV M,A
            DCR C           Schleife 4 mal durchlaufen?
            JNZ DISPL3
DISPL4      IN PORTC        Schleife, solange
            ANI OFH         noch eine Taste gedrückt ist
            JNZ DISPL4      (keine Mehrfacheingabe)
            RET
```

Das Unterprogramm PLUS überträgt den Inhalt des DISPLAY-Registers ins Rechenregister und überträgt den Zustand des Port C als Kennzahl in das Hilfsregister HR. Der Zustand des Akkumulators wird zu Beginn des Unterprogramms auf den STACK und am Schluß zurück in den Akkumulator übertragen, weil im Hauptprogramm durch PLUS der Akkumulatorinhalt nicht verändert werden darf, da nach dem Befehl IN PORTC mehrere Tastenabfragen hintereinander durchgeführt werden (Seite 169).

```
PLUS        PUSH PSW        rette Akku
            STA HR          Kennzahl→HR
            LDA DRL
            STA RRL         DRL nach RRL
            LDA DRH
            STA RRH         DRH nach RRH
            POP PSW
            RET
```

Dasselbe leistet das Unterprogramm MINUS. Es überträgt nur eine andere, durch den Portzustand bedingte Kennzahl.

```
MINUS       JMP PLUS        PLUS wird aufgerufen
```

Das Unterprogramm CLEAR löscht den Inhalt des DISPLAY-Registers. Auch dies einfache Programm ist auf unterschiedliche Weise realisierbar:

1. mit direkter Adressierung

```
CLEAR    MVI A,0
         STA DRL
         STA DRH
         RET
```

Das Programm entspricht 9 hexadezimalen Befehls-Byte und dauert 43 Clock-Zyklen.

2. mit indirekter Adressierung

```
CLEAR    LXI H,DRL
         XRA A       Akku = 0
         MOV M,A
         INX H
         MOV M,A
         RET
```

Das Programm entspricht 8 hexadezimalen Befehlen und dauert 43 Clock-Zyklen.

3. mit zwei speziellen Befehlen

```
CLEAR    LXI H,0     HL = 0
         SHLD DRL    HL nach DRL und DRH
         RET
```

Diese Version besteht aus 7 hexadezimalen Befehls-Byte und dauert 36 Clock-Zyklen.

Durch das Unterprogramm GLEICH wird nach Betätigung der Taste "=" die zuletzt gewählte Funktion - Addition oder Subtraktion - durchgeführt. Dazu wird zunächst dem Register HR entnommen, ob die Taste "+" oder "-" zuletzt gedrückt wurde. Das Additionsprogramm soll vier BCD-Ziffern, die im Rechenregister gespeichert sind, zu den entsprechenden BCD-Ziffern des DISPLAY-Registers addieren. Die Summe soll im DISPLAY-Register stehen.

```
ADDITION   LXI D,RRL      Adresse Rechenreg. low Byte
           LXI H,DRL      Adresse Displayreg. low Byte
           MVI B,2        Schleifenzähler: 2 Byte addieren
           STC
           CMC            Carry = 0; Anfangswert
ADD1       LDAX D         RR in Akku
           ADC M          addiere DR
           DAA
           MOV M,A        Summe nach DR
           INX H          DRH
           INX D          RRH
           DCR B          alle Bytes addiert?
           JNZ ADD1
           RET
```

Das Subtraktionsprogramm SUB soll den Inhalt des DISPLAY-Registers DR vom Inhalt des Rechenregisters RR subtrahieren und die Differenz ins DISPLAY-Register DR übertragen.

Die dezimale Subtraktion ist mit dem "8085" etwas umständlich durchführbar. Statt X-Y = D rechnet man X + 100 - Y = X' - Y = D'. Mit 0 < X, Y < 99 (99 ist die größte BCD-Zahl, die in einem Byte enthalten sein kann) ist D' stets positiv und um 100 größer als die wirkliche Differenz D.

Die binäre Addition 99 + 1 ergibt 9A. Mit diesem Wert wird der Akkumulator zu Beginn der dezimalen Subtraktion geladen. Dann bildet man
9A + X = X'.
Anschließend wird die Differenz
X' - Y = D
gebildet und danach die dezimale Korrektur durchgeführt. Im Akkumulator steht dann die dezimale Differenz D'. Im Falle X > Y ist das Überlaufbit Carry="1" (wegen der Addition +100) und der Akkumulatorinhalt D' ist identisch mit der gesuchten Differenz D. Carry="0" zeigt eine negative Differenz D an. Die errechnete Differenz D' ist jedoch um 100 größer als D, so daß für den Absolutwert in diesem Falle gilt: D = D' - 100. Das folgende Programm SUB liefert nur für positive Differenzen das richtige Resultat.

SUB	MVI C,2	Schleifenzähler: 2 Byte subtrahieren
	LXI H,RRL	Adresse Rechenreg. low Byte
	LXI D,DRL	Adresse Displayreg. low Byte
	STC	Carry=1; Anfangswert
SUB1	MVI A,99H	
	ADC M	Akku + Carry +RR → A
	XCHG	HL und DE vertauschen
	SUB M	Akku - DR → A
	DAA	dezimale Korrektur
	MOV M,A	Differenz nach DR
	XCHG	
	DCR C	alle Bytes subtrahiert?
	JNZ SUB1	
	RET	

Je nachdem, welcher Tastenwert im Register HR gespeichert ist, führt das Unterprogramm GLEICH entweder das Programm ADDITION oder SUB aus.

GLEICH	PUSH PSW	rette Akku
	LDA HR	(HR) → (A)
	CPI 88H	Taste "+"?
	CZ ADDITION	Additionsprogramm
	LDA HR	
	CPI 84H	Taste "-"
	CZ SUB	Subtraktionsprogramm
	XRA A	0 → (A)
	STA HR	lösche Register HR
	POP PSW	
	RET	

3.9 Meßtechnische Anwendungen

3.9.1 Digitaler Meßwertspeicher

Die Aufzeichnung zeitabhängiger Spannungen $U = U(t)$ gehört zu den wichtigsten Aufgaben der Meßtechnik. Langsame Vorgänge zeichnet man z.B. mittels Schreiber auf Papier. Schnelle Spannungsverläufe stellt man mit Kathodenstrahlröhren oszillographisch dar. Ein spezielles Problem ist die Aufzeichnung schnell ablaufender einmaliger Vorgänge. Diese Aufgabe läßt sich entweder analog mit einem Oszillographen lösen, dessen Bildschirm eine lange Nachtleuchtdauer hat oder digital mit einem sogenannten Transientenrekorder. Dabei digitalisiert man den zu speichernden Spannungsverlauf mit konstanter "Abtastfrequenz" und speichert die digitalisierten Spannungswerte in einem RAM. Mit D/A-Wandlern ist der Inhalt des RAM wieder in analoger Form darstellbar.

Das in Abschn. 3.7 beschriebene Mikroprozessorsystem soll schaltungstechnisch (hardwaremäßig) so erweitert werden, daß eine veränderliche Spannung $U = U(t)$ in bestimmten Zeitabständen t_n abgefragt, digitalisiert, der gemessene Wert $U_n = U(t_n)$ gespeichert und mittels eines XY-Oszilloskops als Spannungsverlauf $U = U(t)$ dargestellt werden kann (Fig. 3.31).

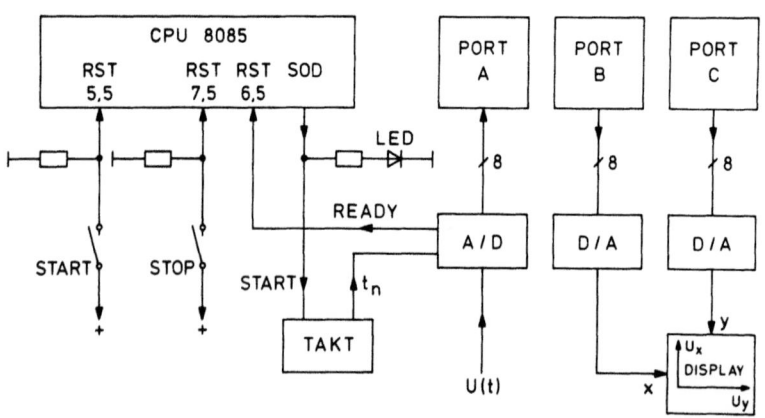

Fig. 3.31: Hardware eines digitalen Meßwertspeichers

Zur Digitalisierung der Spannung U(t) benötigen wir einen
A/D-Wandler (Abschn. 2.6.1). Das Mikroprozessorsystem verfügt
über drei 8-Bit-Ports. Einer davon soll der Eingang für den digitalisierten Spannungswert sein, der am Ausgang des A/D-Wandlers
ansteht. Die beiden anderen Ports dienen zur Datenausgabe für die
analoge Meßwertdarstellung. Die Meßwertaufzeichnung wird durch
einen positiven Impuls auf dem Interrupt-Eingang RST5.5 gestartet (Startsignal). Daraufhin schaltet der Mikroprozessor über den
(seriellen) Ausgang SOD den Taktgenerator ein, der den Zeittakt
liefert, in dem die Eingangsspannung digitalisiert werden soll.
Gleichzeitig mit dem Taktgenerator wird auch die LED "Meßzeit"
eingeschaltet. Der Taktgenerator kann ein Multivibrator oder
besser ein Quarzoszillator mit nachgeschaltetem variablen Frequenzteiler sein. Die Ausgangsimpulse dieses Taktgenerators
starten den Konversionsvorgang des A/D-Wandlers. Sobald dieser die
A/D-Wandlung durchgeführt hat, löst sein Ausgangssignal "READY"
über den Interrupt-Eingang RST6.5 des "8085" eine Programmunterbrechung aus: Der Mikroprozessor unterbricht das laufende Programm, liest über den Port A den Ausgangswert des A/D-Wandlers
$U_n = U(t_n)$ und überträgt diesen Wert in einen bestimmten Speicherplatz des RAM. Der Einfachheit halber sollen nur 256 Speicherplätze benutzt werden und zwar von der RAM-Adresse 1000H bis 10FFH.
Der erste Meßwert eines Aufzeichnungsvorgangs unmittelbar nach
einem Startsignal wird unter der Adresse 1000H gespeichert, jeder
folgende unter der nächst höheren Adresse.

Nachdem der letzte Meßwert des Aufzeichnungsvorgangs im
Kanal 10FFH gespeichert ist, wird der Aufzeichnungsvorgang beendet.
Über den Ausgang SOD schaltet der Mikroprozessor den Taktgeber
und die LED aus. In diesen Stop-Zustand kann das System auch wäh-
rend des Aufzeichnungsvorgangs jederzeit durch einen positiven
Impuls auf dem Interrupt-Eingang RST7.5 gebracht werden.

Der Inhalt des Meßwertspeichers - d.h. der Inhalt des RAM von
der Adresse 1000H bis zur Adresse 10FFH - soll während des Aufzeichnungsvorgangs und danach als stehendes Bild mit einem XY-
Oszilloskop in Form eines U/t-Diagramms als Funktion U = U(t) mit
den Meßpunkten $U_n = U(t_n)$ dargestellt werden, wobei $0 < n < 255$ ist.
Dazu dienen zwei 8-Bit-D/A-Wandler, die an den Ports B und C an-

geschlossen sind. Ein D/A-Wandler liefert die Spannung U_x, die der Nummer n des Abtastintervalls t_n bzw. der Adresse n des Speicherplates proportional ist. Die Ausgangsspannung U_y des zweiten D/A-Wandlers entspricht dem Kanalinhalt $U_n = U(t_n)$.

Die Spannungen U_x und U_y werden mit einer Auflösung von 8 Bit dargestellt. Bei einer maximalen Ausgangsspannung des D/A-Wandlers von z.B. 10 V (die dem Digitalwert FFH = 255_{10} entspricht) beträgt die Auflösung 10 V/255 = 39,3 mV. Auf dem XY-Display des Oszillographen sind 256 × 256 = 65536 diskrete Punkte darstellbar. Zum Betrieb dieses Meßsystems ist die entsprechende Software zu entwickeln.

Nach dem Einschalten ist das Mikroprozessorsystem mit einem Initialisierungsprogramm zunächst in einen definierten Anfangszustand zu bringen. Dazu gehört

1. Die Programmierung des PORT A als Eingang und der PORTs B und C als Ausgänge.
2. Das Ausschalten des Taktgenerators und der LED.
3. Das Löschen aller Speicherinhalte im Adressbereich 1000H bis 10FFH.
4. Die Initialisierung des STACK-POINTERS.
5. Die Freigabe des Start-Interrupts.

Nach dem Initialisierungsprogramm INIT arbeitet der Mikroprozessor das Hauptprogramm DISPL ab, das den Inhalt des Speicherbereichs 1000H bis 10FFH bytewelse mit gleichzeitiger Ausgabe der zugehörigen niederwertigen Adressbytes 00 bis FFH nacheinander über die PORTs B und C an die angeschlossenen D/A-Wandler zur Darstellung auf einem XY-Display ausgibt. Um ein stehendes Bild zu erzeugen, wird das Programm DISPL zyklisch durchlaufen, wie das Flußdiagramm Fig. 3.32 zeigt.

Das Hauptprogramm DISPL kann durch drei verschiedene Interrupt-Signale unterbrochen werden.

1. Durch das Start-Signal am Interrupt-Eingang RST5.5 wird ein Interrupt-Programm START aufgerufen, das

a) Einen Kanaladresszähler löscht, der die Anzahl n der Meßintervalle zählt. Als Kanaladresszähler dient das Register B.

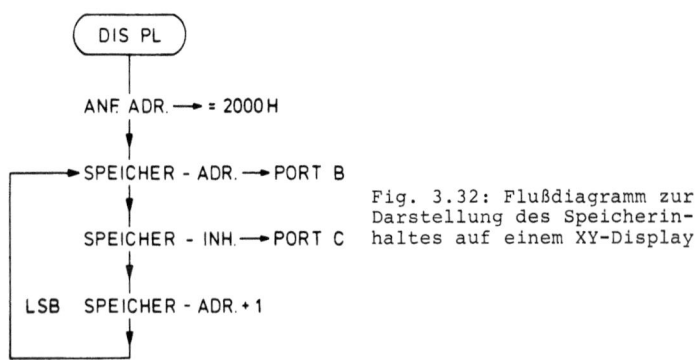

Fig. 3.32: Flußdiagramm zur Darstellung des Speicherinhaltes auf einem XY-Display

b) über den Mikroprozessor-Ausgang SOD den Taktgenerator und die LED einschaltet,
c) den Start-Interrupt sperrt und den Stop- und "Ready"-Interrupt freigibt.

2. Das "Ready"-Signal am Interrupt-Eingang RST7.5 ruft ein Interrupt-Programm READY auf, das

a) den Port A ausliest,
b) den Inhalt des Port A in den Speicherplatz überträgt, dessen Adresse ADR gegeben ist durch die Anfangsadresse 1000H des Speicherplatzes und eine "Offsetadresse", die dem Inhalt des Kanaladresszählers B entspricht: ADR = 1000H + (B).
c) Der Inhalt des Kanaladresszählers B wird um 1 erhöht. Falls der Inhalt des Kanaladresszählers den Wert $FFH=255_{10}$ überschreitet, wird der Taktgenerator und die LED über den Ausgang SOD ausgeschaltet, womit die Meßwertaufzeichnung beendet ist. Abschließend wird der "Ready"- und Stop-Interrupt gesperrt und der Start-Interrupt freigegeben.

3. Das Stop-Signal am Interrupt-Eingang RST6.5 ruft ein Interrupt-Programm Stop auf, das

a) den Taktgenerator und die LED über SOD ausschaltet,
b) den "Ready"- und Stop-Interrupt sperrt und den Start-Interrupt freigibt.

Nachdem die Aufgaben der Teilprogramme INIT und DISPL sowie der Interrupt-Programme START, READY und STOP definiert sind, können die entsprechenden Assembler-Programme geschrieben werden:

Das Programm INIT beginnt mit der Programmstartadresse 0.

INIT	MVI A,90H	Kontrollwort zur Initialisierung der Ports: Port A = Eingang, Port B und C = Ausgang (Intel Schaltkreis 8255)
	OUT 23H	zum Kontrollregister des Port-Schaltkreises
	MVI A,40H	Taktgenerator und LED über
	SIM	Ausgang SOD ausschalten
	MVI B, 0FFH	Schleifenzähler für 256 Durchläufe
	LXI H,1000H	Anfangsadresse des Speicherbereichs
CLEAR	MVI M,0	Lösche Speicher
	INX H	nächste Adresse
	DCR B	dekrementierte Schleifenzähler
	JNZ CLEAR	Sprung zur Adresse CLEAR solange B ungleich Null ist
	LXI SP,17FFH	Stack-Pointer zeigt auf Adresse 17FFH
	MVI A,1EH	Interrupt-Maske: START freigeben, READY und STOP sperren
	SIM	Interrupt-Maske setzen
	EI	Interrupts freigeben
DISPL	LXI H,1000H	Anfangsadresse des Speicherbereichs = 1000H
DISPL1	MOV A,L	niederwertiges Speicheradressbyte
	OUT 21H	zum Port B (U_x)
	MOV A,M	Speicherinhalt zum
	OUT 22H	Port C (U_y)
	INR L	nächste Speicheradresse
	JMP DISPL1	zyklischer Programmdurchlauf

Das zyklisch durchlaufene Programm DISPL wird von den Interrupt-Programmen START, READY und STOP unterbrochen.
Das durch ein Startsignal am Eingang RST5.5 ausgelöste Interruptprogramm beginnt mit der Adresse 2CH. Dort steht der Befehl JMP START.

START	PUSH PSW	Rette Akkumulator und Statuswort
	MVI B,0	Lösche Kanaladresszähler B
	MVI A,0C0H	Taktgenerator über Ausgang SOD
	SIM	einschalten
	MVI A,19H	Interrupt-Maske: STOP und READY freigeben, Start sperren

	SIM	Interrupt-Maske setzen
	POP PSW	Inhalt von Akkumulator und Statuswort wiederherstellen
	EI	Freigabe der nichtmaskierten Interrupts
	RET	Rücksprung aus dem Interrupt-Programm START

Die Startadresse des Interruptprogramms READY (RST7.5) ist 3CH.

READY	PUSH PSW	Rette Akkumulator und Statuswort
	PUSH H	Rette Registerpaar HL
	MOV L,B	Inhalt des Kanaladresszählers nach L
	IN 20H	D/A-Wandler lesen
	MOV M,A	Inhalt des D/A-Wandlers nach Adresse HL
	INR B	Kanaladresszähler inkrementieren
	JNZ READY1	Sprung zur Adresse READY1 solange B≠0
	MVI A,40H	Falls B=0: Taktgenerator und LED
	SIM	über SOD ausschalten
	MVI A,1EH	Interruptmaske: STOP und READY sperren,
	SIM	START freigeben
READY1	POP H	Registerpaar HL wiederherstellen
	POP PSW	Akkumulator und Statuswort wiederherstellen
	EI	Freigabe der nichtmaskierten Interrupts
	RET	Rücksprung aus dem Interruptprogramm READY

Die Startadresse des Interruptprogramms STOP (RST6.5) ist 34H. Dort steht der Sprungbefehl JMP STOP.

STOP	PUSH PSW	Rette Akkumulator und Statuswort
	MVI A,40H	Taktgenerator und LED über Ausgang
	SIM	SOD ausschalten
	MVI A,1EH	Interruptmaske: STOP und READY sperren,
	SIM	START freigeben
	POP PWS	Akkumulator und Statuswort wiederherstellen
	EI	nichtmaskierte Interrupts freigeben
	RET	Rücksprung aus Interruptprogramm STOP

Der zyklisch durchlaufene Teil des Hauptprogramms DISPL besteht aus sechs Befehlen mit insgesamt 45 Maschinenzyklen. Wenn der Mikroprozessor mit einer Taktfrequenz von 10MHz betrieben wird, was einer Zykluszeit von 0,2 µs entspricht, wird das Hauptprogramm in 45·0,2 µs = 9 µs einmal durchlaufen. Der Inhalt des gesamten Speicherbereichs wird in 256·9 µs = 2294 µs einmal dargestellt, was 435 Speicherabbildungen pro Sekunde entspricht. Zur flimmerfreien Darstellung genügen schon 16 Abbildungen pro Sekunde.

Man könnte die oszillographische Darstellung dadurch übersichtlicher gestalten, daß jeder zehnte Kanal als besonders heller Punkt abgebildet wird. Zu diesem Zweck müßte das Hauptprogramm DISPL ein wenig erweitert werden. Ein weiteres Zählregister (z.B. C) wird praktisch gleichzeitig mit der Speicheradresse L inkrementiert. Nach jeder zehnten Inkrementierung wird im Hauptprogramm eine Verzögerungsschleife durchlaufen, so daß jeder zehnte Kanal länger als die anderen abgebildet wird und somit auf dem Oszillographenschirm heller erscheint. Zu dieser Helltastung wird im Hauptprogramm nach dem Befehl OUT 22H der entsprechende Programmzusatz eingebaut. Vor Eintritt ins Hauptprogramm ist das Zählregister C zu löschen.

```
DISPL    LXI H,1000H
DISPL1   MVI C,0          lösche Zählregister C
DISPL2   MOV A,L
         OUT 21H          U_x
         MOV A,M
         OUT 22H          U_y
         MVI A,0
         CPI C            ist C = 0?
         JNZ DISPL3       wenn nicht: Sprung nach DISPL3
         MVI C,0AH        Zählregister laden mit 0AH=10_10
         MVI A,10H        16 Durchläufe der Verzögerungsschleife
VERZ     DCR A            Verzögerungsschleife
         JNZ VERZ         Sprung nach VERZ bis A=0
DISPL3   DCR C            Zählregister dekrementieren
         INR L            nächste Speicheradresse
         JNZ DISPL2       Sprung nach DISPL2, wenn L≠0
         JMP DISPL1
```

3.9.2 Ein Vielkanalanalysator

Durch relativ geringfügige Modifikationen läßt sich der beschriebene Transientenrekorder in einen Vielkanalanalysator umbauen. Wie schon in Abschn. 2.6.2 beschrieben, dienen Vielkanalanalysatoren zur Messung von Impulshöhenverteilungen. Man zählt, wie oft Impulse einer bestimmten Impulshöhe während eines Meßzeitintervalls aufgetreten sind und stellt das Ergebnis als Impulshöhenspektrum dar. Dabei wird die Anzahl N_n der Impulse mit der Impulshöhe U_n als Funktion der Impulshöhe dargestellt:
$N_n = N(U_n)$.

Ähnlich wie beim Transientenrekorder soll das Impulshöhenspektrum als stehendes Bild auf einem XY-Oszilloskop dargestellt werden. Dazu dienen wieder die an den Port B und C angeschlossenen D/A-Wandler (Fig. 3.33). Die Meßzeit wird mit dem Taktgenerator eingestellt. Mit dem Startsignal am Interrupt-Eingang RST5.5 wird das Interrupt-Programm START aufgerufen, das den Taktgenerator und die LED über den Ausgang SOD des Mikroprozessors einschaltet. Damit kann die Registrierung der Impulshöhenverteilung beginnen. Sobald das Maximum eines Eingangsimpulses überschritten ist, wird die Analog-Digital-Wandlung durch das Signal "Peak-Detect" gestartet (siehe Seite 93). Ist die A/D-Wandlung durchgeführt, ruft das Signal "READY" des D/A-Wandlers ein Interruptprogramm READY zur Speicherung des Meßwertes $N_n = N(U_n)$ auf. Ferner wird der Univibrator U getriggert, dessen Ausgangsimpuls den FET F ansteuert. Damit ist der Speicherkondensator C des Spitzenwertspeichers wieder gelöscht.

Nach Ablauf der am Taktgenerator eingestellten Meßzeit ruft das Ausgangssignal des Taktgenerators über den Interrupteingang RST6.5 das Interruptprogramm STOP auf, das die Registrierung der Impulshöhenverteilung beendet (was auch durch Betätigung der Taste "Stop" zu erreichen ist).

Die **Software des Vielkanalanalysators:**
Das Initialisierungsprogramm INIT und das Hauptprogramm DISPL kann unverändert vom Transientenrekorder übernommen werden. Das Interruptprogramm START ist ebenfalls ohne Änderung zu über-

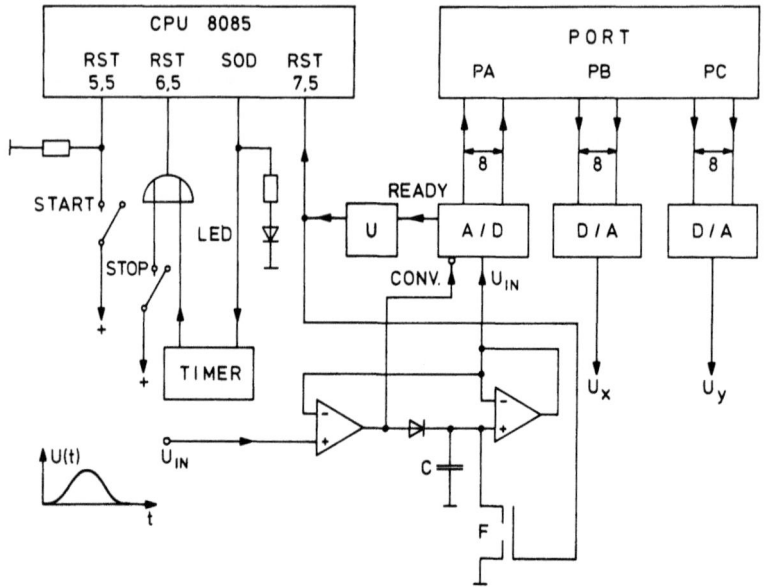

Fig. 3.33: Prinzipschaltbild eines Vielkanalanalysators

nehmen, außer daß der Befehl MVI B,O entfallen kann, weil hier kein Kanaladresszähler benötigt wird. Das Interrupt-Programm READY hat beim Vielkanalanalysator jedoch eine ganz andere Aufgabe zu erfüllen als beim Transientenrekorder: Nachdem der A/D-Wandler dem Mikroprozessor durch das Signal READY mitgeteilt hat, daß der Wert der Impulshöhe in Form einer Binärzahl am Port A ansteht, wird das Interrupt-Programm READY aufgerufen. Die Höhe des Eingangsimpulses wurde vom A/D-Wandler mit einer Auflösung von 8 Bit gemessen. Jedem der $2^8 = 256$ möglichen Spannungswerte U_n ist ein Zählkanal zugeordnet, in dem die Anzahl N_n gezählt wird, die angibt, wie oft Impulse mit der Impulshöhe U_n aufgetreten sind.

Mit dem Interrupt-Programm READY wird
1. Der Port A gelesen, an dem der Wert der Impulshöhe in Form einer Binärzahl n ansteht.

2. Der Inhalt des Speicherplatzes, dessen Adresse ADR gegeben ist durch die Anfangsadresse 1000H des Speicherbereichs und der Binärzahl n, wird inkrementiert. Es ist ADR = 1000H + n. Der Inhalt dieses Kanals ist die Zahl N_n, die angibt, wie oft die Impulshöhe U_n, die der Binärzahl n entspricht, während der Meßzeit t registriert wurde.

Der Datenspeicher des Vielkanalanalysators reicht von der RAM-Adresse 1000H bis 10FFH. Jeder Speicherplatz hat eine Kapazität von 8 Bit. Dementsprechend können 2^8 = 256 Ereignisse pro Kanal registriert werden. Das ist für die Praxis häufig zu wenig. Einstweilen soll jedoch die Arbeitsweise eines Vielkanalers in möglichst einfacher Form beschrieben werden. Anschließend wird in einem zweiten Schritt die Zählkapazität auf 16 Bit pro Kanal (entsprechend 65536 Ereignissen pro Kanal) erweitert. Damit ergeben sich jedoch weitere Komplikationen: Die Darstellung der Kanalinhalte, die mittels eines 8-Bit-D/A-Wandlers durchgeführt wird, muß dem Zählerinhalt angepaßt werden. Dazu ist eine Bereichsumschaltung für den maximal darstellbaren Zählerinhalt vorzusehen.

Zunächst also das Assembler-Programm READY zur Registrierung von maximal 256 Ereignissen pro Kanal:

READY	PUSH PSW	rette Akkumulator und Statuswort
	PUSH H	rette Registerpaar HL
	IN 20H	Port A lesen (= Binärzahl n)
	MOV L,A	n = niederwertiges Adressbyte L
	INR M	inkrementiere Inhalt des Kanals mit ADR = (HL) = 1000H + n
	POP H	Registerpaar HL wiederherstellen
	POP PSW	Akkumulator und Statuswort wiederherstellen
	EI	Interruptfreigabe
	RET	Rücksprung aus READY

Das Interrupt-Programm READY zur Inkrementierung eines Impulshöhen-abhängigen Zählkanals dauert (bei einer Taktfrequenz von 10 MHz entsprechend einer Zykluszeit von 0,2 µs) etwa 16 µs, so daß Impulse mit einer Folgefrequenz bis zu 64 kHz registriert werden können (wobei die Konversionszeit des A/D-Wandlers nicht berücksichtigt ist).

Die Vergrößerung der Zählkapazität von 8 auf 16 Bit pro Kanal ist mit dem im Mikroprozessorsystem eingebauten 2K-RAM, von dem bisher nur 256 Bit benutzt wurden, einfach durchführbar. Der Kanalinhalt von 16 Bit wird in zwei Speicherplätzen von je 8 Bit untergebracht. Die niederwertigen Byte der Kanalinhalte N_n werden im bisherigen Speicherbereich von Adresse 1000H bis 10FFH gespeichert. Die entsprechenden höherwertigen Byte der Kanalinhalte im anschließenden Adressbereich von Adresse 1100H bis 11FFH. Das niederwertige Adressbyte n, das dem Wert der Impulshöhe U_n entspricht, gilt für das niederwertige wie für das höherwertige Byte des Kanalinhaltes. Tritt beim Inkrementieren des niederwertigen Bytes eines Kanalinhaltes (Speicherbereich 1000H bis 10 FFH) ein Überlauf auf, so muß das höherwertige Byte des Kanals (Speicherbereich 1100H bis 11FFH) (mit demselben niederwertigen Adressbyte) inkrementiert werden. Zur Registrierung von 65536 Ereignissen pro Kanal ist das Interrupt-Programm READY wie folgt zu modifizieren:

READY	PUSH PSW	
	PUSH H	
	MVI H,10H	H=10=Adressbereich der niederwertigen Byte von N_n
	IN 20H	PORT A lesen (Binärzahl n)
	MOV L,A	L=niederwertiges Speicheradressbyte n
	INR M	niederwertiges Byte von N_n inkrementieren
	JNZ READY1	kein Übertrag
	INR H	H=11=Adressbereich der höherwertigen Byte von N_n
	INR M	höherwertiges Byte von N_n inkrementieren
READY1	POP H	
	POP PSW	
	EI	
	RET	

Die Laufzeit dieses Interrupt-Programms dauert (bei einer Zykluszeit von 0,2 µs) ohne Übertrag 18 µs, mit Übertrag 20 µs, so daß die maximale Impulsfolgefrequenz 50 kHz beträgt.

Im vorliegenden System steht nur ein 8-Bit-D/A-Wandler zur
Darstellung der 16-Bit-Kanalinhalte zur Verfügung. Eine höhere
Auflösung des D/A-Wandlers würde die Güte der Abbildung auf dem
Oszillographenschirm kaum verbessern. Es ist vielmehr notwendig,
den Abbildungsmaßstab an den darzustellenden Kanalinhalt anzupas-
sen. Daher müssen mehrere Darstellungsbereiche einschaltbar sein,
die es erlauben, unterschiedliche Kanalinhalte mit einer Auflösung
von 8 Bit auf dem Display darzustellen.

Insgesamt ist die Darstellung von neun 8-Bit-Gruppen eines
16-Bit-Speichers mit dem 8-Bit-D/A-Wandler möglich. Fig. 3.34
zeigt die Aufteilung eines 16-Bit-Speichers in fünf 8-Bit-Gruppen,
wobei Kanalinhalte von 1/4 K bis 64 K mit 8 Bit Auflösung darstellbar sind.

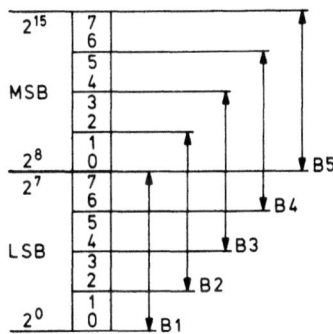

Fig. 3.34: Aufteilung eines 16-Bit-Registers in 5 Gruppen
          mit je 8 Bit (B = Bereichszahl)

Die Darstellung der 8-Bit-Gruppen eines 16-Bit-Speichers ist
mittels Schiebeoperation einfach durchführbar. Etwas schwieriger
ist die Eingabe des gewünschten Darstellungsbereiches in unser
System, dessen Port-Anschlüsse inzwischen alle belegt sind. Nur
der serielle Eingang SID des Mikroprozessors "8085" ist noch frei.
An diesen Eingang wird eine Taste angeschlossen und ein Programm
zur Zählung der Tastenbetätigungen vorgesehen (Fig. 3.35). Mit
jeder Tastenbetätigung sollen der nächstgrößere Darstellungsbereich
gewählt und die Darstellungsbereiche zyklisch durchlaufen werden
können. Daraus ergibt sich ein weiteres Problem: Es muß eine

Anzeige vorgesehen werden, aus der hervorgeht, welcher Abbildungsbereich durch Tastendruck gewählt wurde. Dazu wird eine Bereichskennzahl auf dem XY-Display des Oszillographen dargestellt.

Im Folgenden werden die Programmzusätze diskutiert, die eine Darstellung des 16-Bit-Speicherbereichs in den fünf Gruppen ermöglichen, die in Fig. 3.34 angegeben sind. Die Bereichsumschaltung wird mittels einer Taste am Eingang SID gemäß Fig. 3.35 durchgeführt. Eine Bereichskennzahl, die in der oberen linken Ecke des XY-Displays abgebildet wird, gibt den gewählten Darstellungsbereich an.

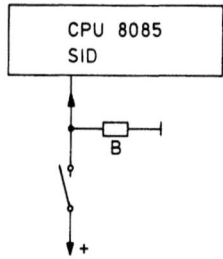

Fig. 3.35: Der serielle Eingang SID des "8085" als Tasteingabe

Die Eingabe der Bereichskennzahlen:
Wie in Fig. 3.34 angegeben, wird jedem Darstellungsbereich eine Kennzahl zugeordnet. Nach dem Einschalten des Mikroprozessorsystems soll der kleinste Bereich mit der Kennzahl 1 dargestellt werden. Die Bereichskennzahl wird im Register B gespeichert. Im Initialisierungsprogramm INIT muß durch den zusätzlichen Befehl
    MVI B,1
der Wert 1 in das Register B geladen werden.
Im Hauptprogramm DISPL ist ein Unterprogramm TASTE zur Abfrage der Eingabetaste SID einzufügen, wodurch es möglich wird, die Bereichzahl B per Tastendruck zyklisch von 1 bis 5 zu verändern. Das Unterprogramm TASTE soll nach Darstellung des letzten Speicherinhaltes (mit dem niederwertigen Adressbyte FFH) ausgeführt werden, also nach jeder Darstellung des Gesamtspeicherinhaltes nur einmal.

Dazu wird im Programm DISPL (Seite 182) der Unterprogrammaufruf
    CALL TASTE
nach dem bedingten Sprungbefehl JNZ DISPL2 eingebaut:
    JNZ DIPSL2
    CALL TASTE
    JMP DISPL1

Das Unterprogramm TASTE fragt den Eingang SID ab und verändert
bei jedem Tastendruck die Bereichszahl im Register B. Der Wert
im Register B wird inkrementiert, falls B $\neq$ 5 ist. Auf B = 5 folgt
B = 1.

TASTE	RIM	Eingang SID lesen
	ANI 80H	maskiere D_7 = Eingang SID
	RZ	Rücksprung aus TASTE falls D_7 = 0
	MVI A,OFFH	Verzögerungsschleife zur Tastenentprellung
TASTE1	DCR A	A wird von FFH auf 0 dekrementiert
	JNZ TASTE1	Sprung solange A = 0 (ca. 3 ms)
TASTE2	RIM	Eingang SID lesen
	ANI 80H	maskiere D_7 = Eingang SID
	JNZ TASTE2	Sprung, falls Taste gedrückt
	MVI 5	
	CMP B	ist B = 5?
	JZ TASTE3	Falls ja: Setze B = 1
	INR B	inkrementiere B
	RET	Rücksprung aus TASTE
TASTE3	MVI B,1	setze B = 1
	RET	Rücksprung aus TASTE

Im Hauptprogramm DISPL muß nun der Bereich des 16-Bit-Speichers
zur Darstellung gebracht werden, der durch die Bereichskennzahl
im Register B gemäß Fig. 3.34 definiert ist. Dazu ist es notwendig, die 16 Bit eines jeden Speichers so zu verschieben, daß die
8 Bit des gewählten Darstellungsbereiches zum Port C ausgegeben
werden können.

Zu dem Zweck ist das Programm DISPL auf Seite 182 wie folgt zu
modifizieren:

```
DISPL    MVI L,0       niederwertiges Adressbyte = 0
DISPL1   MVI C,0       lösche Zählregister C
DISPL2   MVI H, 11H    höherwertiges Adressbyte = 11H
         PUSH B        rette Register B
         DCR B         dekrementiere Bereichskennzahl
         JZ DISPL4     falls B = 1 war: Sprung nach DISPL4
         MOV A,M       höherwertiger Kanalinhalt um eine
         RAR           Stelle nach rechts schieben, $D_0$ nach Carry
         MOV D,A       Byte in Reg. D zwischenspeichern
         DCR H         niederwertiges Adressbyte = 10H
         MOV A,M       niederwertigen Kanalinhalt um eine
         RAR           Stelle nach rechts schieben, Carry nach $D_7$
         MOV E,A       Byte in Reg. E zwischenspeichern
DISPL6   MOV A,D       es folgt eine weitere Verschiebung
         RAR           des Kanalinhaltes um eine Stelle
         MOV D,A       (2 Verschiebungen pro Bereichskennzahl)
         MOV A,E
         RAR
         MOV E,A
         DCR B         dekrementiere Bereichskennzahl
         JZ DISPL5     falls B = 0 ist: Sprung nach DISPL5
         MOV A,D       Falls B ≠ 0 : weitere Verschiebung
         RAR
         MOV D,A
         MOV A,E
         RAR
         MOV E,A
         JMP DISPL6
DISPL4   DCR H         niederwertigen Kanalinhalt
         MOV A,M       darstellen
DISPL5   OUT 22H       8 Bit des Darstellungsbereichs
                       zum Port C ausgeben ($U_y$)
         MOV A,L       Speicheradresse zum Port B ($U_x$)
         OUT 21H       ausgeben
         POP B         B wiederherstellen
         MVI A,0       der Rest des Programms DISPL
         CPI C         auf Seite 182 kann unverändert
                       übernommen werden
```

Nun muß die Bereichskennzahl auf dem Bildschirm des Oszillographen dargestellt werden. Da wir mit den beiden D/A-Wandlern praktisch jeden Punkt auf dem Oszillographenschirm abbilden können, ist eine Zeichendarstellung in Form eines Punktrasters möglich. Die Zahlensymbole 1 bis 5 sollen gemäß Fig. 3.36 in einem (5 × 7)-Punktraster wiedergegeben werden.

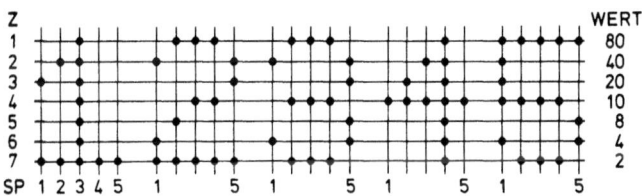

Fig. 3.36: Zeichendarstellung auf einem Oszillographenschirm in einem (5 × 7)-Punktraster

Jedes (5 × 7)-Punktraster besteht aus fünf Rasterspalten SP. Jede Spalte enthält maximal 7 Punkte. Eine Rasterspalte ist durch ein Byte darstellbar, wobei ein Rasterpunkt durch eine "1" repräsentiert wird, deren hexadezimale Wertigkeit gemäß Fig. 3.36 die Nummer der Rasterzeile Z angibt, in der der Punkt dargestellt werden soll. Zur Darstellung eines ganzen Zeichensymbols sind entsprechend der Spaltenzahl fünf Byte erforderlich. In Tabelle 3.10.1 sind die Zeichenbytes der Ziffernsymbole 1 bis 5 als Hexadezimalzahlen in der Reihenfolge der Spalten 1 bis 5 aufgeführt.

Ziffer	Spalte				
	1	2	3	4	5
1	22	42	FE	02	02
2	46	8A	92	92	62
3	44	92	92	92	62
4	10	30	50	FE	10
5	F4	92	92	92	8C

Tab. 3.10.1

Zur Darstellung eines Zeichensymbols in einem (5 × 7)-Punktraster auf dem Bildschirm eines XY-Oszillographen ist ein Programm erforderlich, das aus den fünf Zeichenbytes der Tabelle 3.10.1

entsprechend den darin enthaltenen "1"-Werten die X- und Y-Koordinaten der darzustellenden Punkte berechnet. Diese Koordinaten werden von den beiden D/A-Wandlern in die analogen Spannungen U_x und U_y umgesetzt und vom XY-Oszillographen als Punkte auf dem Bildschirm abgebildet. Das Zeichensymbol soll in der oberen linken Ecke des Oszillographenschirms dargestellt werden. Fig. 3.37 zeigt die Zeilen- und Spaltenkoordinaten des (5 × 7)-Punktrasters.

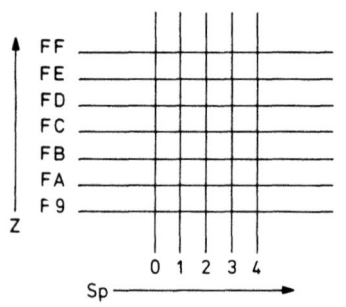

Fig. 3.37: Zeilen- und Spaltenkoordinaten des (5 × 7)-Punktrasters auf dem Display

Die Zeichenbyte der Tabelle 3.10.1 werden im ROM in einer Zeichentabelle gespeichert. Die Anfangsadresse der Zeichentabelle sei 0700H. Die Zeichenbytes in der Zeichentabelle beginnen mit der 1. Rasterspalte des Zeichens 1. (Tab. 3.10.2)

Das Programm SYMB zur Darstellung der Zeichensymbole muß zunächst aus der Bereichskennzahl, die im Register B steht (und auf dem Oszillographenschirm dargestellt werden soll) und der Anfangsadresse 0700H der Zeichentabelle die Adresse ADR des ersten Zeichenbytes des darzustellenden Zeichensymbols berechnen. Das erste Zeichenbyte des Symbols "1" hat die Adresse ADR = 0700H. Das erste Zeichenbyte des folgenden Symbols "2" hat die Adresse ADR = 0705H usw. Die Anfangsadresse ADR der Zeichenbytes der Bereichskennzahl B in der Zeichentabelle ist demnach gegeben durch ADR = 0700H+5(B-1).

Adresse	Zeichenbyte	Kommentar
700H	22	Zeichen 1
	42	
	FE	
	02	
	02	
7005	46	Zeichen 2
	8A	
	92	
	92	
	62	
700A	44	Zeichen 3
	usw.	

Tab. 3.10.2

Das Programm SYMB beginnt mit der Berechnung der Adresse ADR. Dazu wird die Anfangsadresse 0700H der Zeichentabelle in das Register HL geladen und (B-1) mal der Wert 5 hinzuaddiert.

```
SYMB    PUSH H              rette Registerpaar HL
        PUSH B              rette Registerpaar BC
        LXI H,0700H         Anfangsadresse der Zeichentabelle
        LXI D,5             Summand = 5
NEXT    DCR B               Bereichskennzahl B - 1
        JZ ZEICH            HL = ADR, wenn B = 0
        DAD D               HL + 5 = HL
        JMP NEXT            Sprung nach NEXT
ZEICH
```

Mit der Adresse ZEICH beginnt ein Programm zur punktweisen Darstellung des Zeichensymbols. Die erste Matrixspalte des Zeichensymbols wird durch das Byte beschrieben, dessen Tabellenadresse im ersten Teil des Programms SYMB berechnet wurde und nun im Registerpaar HL steht. Die "1"-Werte dieses Byte geben an, in welchen Rasterzeilen Punkte darzustellen sind. Die oberste Rasterzeile hat die Zeilenadresse FEH. In dieser Zeile wird nur dann ein Punkt dargestellt, wenn das Zeichenbyte eine "1" im höchsten Bit D7 enthält. In der nächst niedrigen Rasterzeile FEH wird nur dann ein Punkt dargestellt, wenn eine "1" im Bit D6 des Zeichenbytes steht usw.

```
ZEICH   MVI B,0             Koordinate der ersten Rasterspalte
SPALTE  MVI D,0FFH          FF = Koordinate der ersten Rasterzeile
        MOV C,M             Zeichenbyte nach C
        MOV A,B             Spaltenkoordinate ausgeben
        OUT 21H
BIT     MOV A,C             Zeichenbyte um 1 Bit
        RAL                 nach links schieben, D7 nach Carry
        MOV C,A             verschobenes Zeichenbyte nach C
        JNC ZEILE           Falls D7 = 0: keinen Punkt darstellen
        MOV A,D             Rasterpunkt in Zeile D darstellen
        OUT 22H             ($U_y$)
ZEILE   DCR D               nächste Zeilenkoordinate
        MVI A,0F8H          letzte Zeilenkoordinate?
```

```
CMP D
JNZ BIT          falls nicht: nächstes Bit auf "1"
                 prüfen
INX H            nächste Tabellenadresse
INR B            nächste Spaltenkoordinate
MVI A,5          letzte Spaltenkoordinate?
CMP B
JNZ SPALTE       falls nicht: nächste Spalte darstellen
POP B            BC wiederherstellen
POP H            HL wiederherstellen
RET              Rücksprung aus SYMB
```

Im Hauptprogramm DISPL folgt das Programm SYMB als Unterprogramm auf den Befehl CALL TASTE, so daß das Zeichensymbol nach jeder Darstellung des gesamten Speicherinhaltes und der Tastabfrage einmal dargestellt wird. Das Hauptprogramm ist daher wie folgt zu erweitern:

```
JNZ DISPL2
CALL TASTE       Abfrage der Bereichs-Taste
CALL SYMB        Darstellung der Bereichskennzahl
JMP DISPL1
```

3.10 Eine programmierte Maschinensteuerung

Das auf Seite 131 beschriebene Mikroprozessorsystem soll zur Steuerung eines Fahrzeugs eingesetzt werden. Das Fahrzeug wird zunächst von Hand über eine beliebige Strecke gesteuert, wobei das Mikroprozessorsystem die Wegkoordinaten mißt und speichert. Danach soll das Mikroprozessorsystem mittels einer Servolenkung anhand der gespeicherten Wegkoordinaten das Fahrzeug automatisch über die "Lernstrecke" steuern.

Die Hardware der Steuerung:

Die Wegkoordinaten sind gegeben durch die Länge der Fahrstrecke von einem bestimmten Startpunkt aus und durch den Fahrtrichtungswinkel, d.h. die Stellung der Vorderräder zur Fahrzeuglängsachse. Die Länge der Fahrstrecke wird aus dem Drehwinkel der Antriebsräder gemessen. An der Radachse ist eine Lochscheibe befestigt, die den Lichtstrahl einer Gabellichtschranke bei jeder Radumdrehung entsprechend der Anzahl der Löcher unterbricht (Fig. 3.38). Die Lichtschrankenimpulse werden vom Startpunkt an gezählt und bilden ein Maß für die zurückgelegte Wegstrecke.

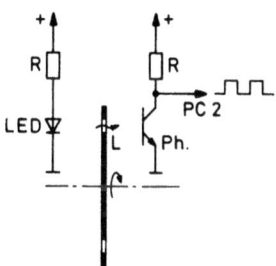

Fig. 3.38: Lichtschranke zur Zählung von Radumdrehungen
(L = Lochscheibe, Ph = Phototransistor)

Die Fahrtrichtung bzw. der Fahrtrichtungswinkel wird mit einer Servolenkung eingestellt (Fig. 3.39). Dazu ist ein Elektromotor M erforderlich, der die Stellung der Lenkräder und damit den Fahrtrichtungswinkel verändert. Die Lenkräder sind mechanisch mit einem Potentiometer P_i verbunden, dessen Stellung dem Fahrtrichtungswinkel entspricht. Als Spannungsteiler geschaltet liefert dieses Potentiometer eine Spannung U_{ist}, die dem Fahrtrichtungswinkel entspricht (Istwert). Die Stellung der Lenkräder soll von einer Spannung U_{soll} (Sollwert) abhängig sein, die entweder von Hand mit einem Potentiometer P_s oder automatisch von einem D/A-Wandler vorgegeben wird. Ein Differenzverstärker vergleicht die Sollspannung mit der Istspannung. Die Ausgangsspannung dieses Verstärkers ist der Differenz $U_{soll} - U_{ist}$ proportional: $U_A = v_D(U_{soll} - U_{ist})$. Mit dieser Ausgangsspannung wird der Stellmotor M versorgt, der den Fahrtrichtungswinkel solange verändert, bis die Spannung U_{ist} des Istwertpotentiometers P_i gleich der Sollspannung U_{soll} ist. Weil der Winkel des Istwertpotentiometers dem des Sollwertgebers nachgeführt wird, nennt man einen derartigen Regelkreis "Nachlaufregler".

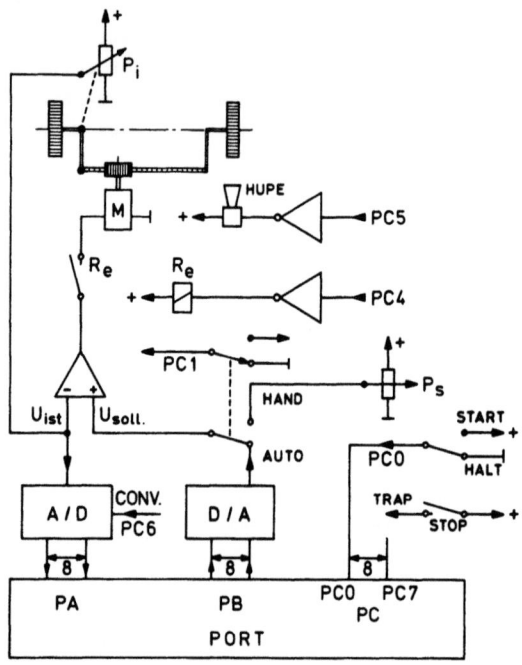

Fig. 3.39: Prinzip einer Fahrzeug-Steuerung (s. Text)

In der Programmier- oder Lernphase speichert das Mikroprozessorsystem mit jedem Lichtschrankenimpuls den Digitalwert der Istspannung U_{ist}, d.h. des Fahrzeugwinkels, den der A/D-Wandler liefert. Die digitalisierten Fahrtrichtungswinkel speichert das Mikroprozessorsystem in aufeinanderfolgenden Speicherplätzen des RAM. Der erste Speicherplatz nach dem Startimpuls habe z.B. die Adresse 1000H. Die Adresse eines Speicherplatzes ist somit ein Maß für die zurückgelegte Wegstrecke. Der Speicherinhalt gibt den jeweiligen Fahrtrichtungswinkel an.

Im automatischen Fahrbetrieb legt das Fahrzeug den in der "Lernphase" programmierten Weg selbsttätig zurück. Mit dem ersten Lichtschrankenimpuls nach dem Startsignal wird der erste Speicherplatz (mit der Adresse 1000H) ausgelesen und der darin gespeicherte Wert des Fahrtrichtungswinkels dem D/A-Wandler zugeführt, der die Sollspannung für die Servolenkung liefert. Mit jedem Lichtschrankenimpuls wird so der Fahrtrichtungswinkel mittels der Servolenkung eingestellt, der gemäß der Lernstrecke der Wegkoordinate entspricht.

Das Programm zur Fahrzeugsteuerung:

Nach dem Einschalten des Mikroprozessorsystems wird im Programm INIT der Port A als Eingang für den A/D-Wandler und Port B als Ausgang für den D/A-Wandler programmiert. Die unteren 4 Bit des Port C sind als Eingang für Tasten- und Lichtschrankensignale und die oberen 4 Bit als Ausgang für die Ansteuerung des Motorrelais R_e und der Hupe, sowie das Startsignal für die A/D-Konversion zu programmieren.

Die Bedeutung der Ports:
Port A: Eingang für A/D-Wandler
Port B: Ausgang für D/A-Wandler
Port C: PC0 = Eingang Schalter Start, $\overline{Halt}$
            PC1 = Eingang Schalter Hand, $\overline{Auto}$
            PC2 = Eingang Lichtschrankenimpuls
            PC4 = Ausgang Motorrelais R_e
            PC5 = Ausgang Hupe
            PC6 = Ausgang Start A/D-Konversion

Im Initialisierungsprogramm INIT werden die Ports mittels eines Kontrollwortes, das im Datendirektionsregister gespeichert wird, wie erforderlich als Ein- und Ausgänge programmiert. Der STACK-Pointer wird initialisiert und der gesamte zur Speicherung der Fahrtrichtungswinkel vorgesehene Speicherbereich gelöscht. Der Wert Null kommt als Fahrtrichtungswinkel nicht vor, so daß im automatischen Fahrbetrieb der Speicherinhalt Null das Ende der "Lernstrecke" signalisiert.

```
INIT    MVI A,91H       Kontrollwort
        OUT 23H         an Datendirektionsregister
        LXI H,1000H     Speicher für Fahrtrichtungswinkel
CLR     MVI M,0         von 1000H bis 16FFH löschen
        INX H
        MVI A,17H
```

```
          CMP H              alle Bytes gelöscht?
          JNZ CLR            falls nicht: Sprung nach CLR
ANF       LXI H,1000H        Anfangsadresse des Speichers
          LXI SP,17FFH       Anfang des Stack: 17FFH
```

Danach wird im Programm TEST der Schalter Start/$\overline{\text{Halt}}$ abgefragt und der Motor entsprechend der Schalterstellung ein- oder ausgeschaltet:

```
TEST      MVI A,0
          OUT 22H            Motor stop, Hupe aus
TEST1     IN  22H
          ANI 1              PC0: Schalter Start/Halt
          JZ  TEST           falls Halt: Sprung nach TEST
          MVI A,10H          Motor einschalten
          OUT 22H
```

Im anschließenden Programm FAHR wird zunächst ein Lichtschrankenimpuls abgewartet und danach je nach Stellung des Schalters Hand/$\overline{\text{Automatik}}$ entweder der digitalisierte Fahrtrichtungswinkel gespeichert oder der gespeicherte Wert des Winkels über Port B und den D/A-Wandler als Sollwert an die Servolenkung gegeben. Falls der Speicherinhalt Null gelesen wurde, hält das Fahrzeug, weil der Winkel Null nicht programmierbar und somit die "Lernstrecke" abgefahren ist.

```
FAHR      IN  22H            Port C
          ANI 4              PC2 = Lichtschranke
          JZ  FAHR           Falls Lichtschranke = 0
PULS      IN  22H            Port C
          ANI 4              PC2 = Lichtschranke
          JNZ PULS           Falls Lichtschranke = 1
          IN  22H            Port C
          ANI 2              PC1 = Schalter Hand/Auto
          JNZ HAND           falls Schalter Hand
          MOV A,M            Speicherinhalt in Akku
          CPI 0              Winkel 0 = Ende des Speicherbereichs
          JZ  AUS            falls Winkel 0
          OUT 21H            Ausgabe des Fahrtrichtungswinkels
          JMP NEXT
```

HAND	IN 22H	Port C
	ORI 40H	Start A/D-Konversion
	OUT 22H	Port C
	ANI 0BFH	Start A/D-Konversion aus
	OUT 22H	Port C
	MVI A,5	Verzögerungsschleife für Konversionszeit
WARTE	DCR A	
	JNZ WARTE	
	IN 20H	Port A: Fahrtrichtungswinkel
	MOV M,A	Fahrtrichtungswinkel speichern
NEXT	INX H	nächste Speicheradresse
	MVI A,17H	
	CMP H	Speicher bis 1700H belegt?
	JNZ TEST1	falls nicht, Sprung nach TEST1
AUS	MVI A,20H	
	OUT 22H	Port C: Motor aus, Hupe ein
HALT	IN 22H	Port C
	ANI 1	Schalter Start/$\overline{\text{Halt}}$
	JNZ HALT	falls Schalter Start
	JMP ANF	falls Schalter Halt: Sprung nach ANF

Die Taste "Stop" ist mit dem Interrupt-Eingang "TRAP" für den nichtmaskierbaren Interrupt verbunden. Sobald diese Taste gedrückt wird, bricht der Mikroprozessor das laufende Programm ab und führt ein Programmsprung zur Adresse 24H aus, mit der das Interrupt-Programm STOP beginnt. Dieses Programm schaltet den Motor aus und bleibt solange in einer Warteschleife, bis der Schalter Start/$\overline{\text{Halt}}$ in der Stellung Halt ist. Danach wird das Programm durch einen Sprung zur Adresse ANF des Hauptprogramms weitergeführt.

STOP	MVI A,0	Motor und Hupe aus
	OUT 22H	Port C
STRT	IN 22H	Port C
	ANI 1	Schalter Start/$\overline{\text{Halt}}$
	JNZ STRT	Sprung solange Schalter in Stellung Start
	JMP ANF	Sprung ins Hauptprogramm

3.11 Erweiterungsmöglichkeiten von Minicomputern

In letzter Zeit sind leistungsfähige Minicomputer so preiswert geworden, daß der Selbstbau von Mikroprozessorsystemen sich nur noch für spezielle Anwendungsfälle lohnt. Bei den meisten angebotenen Kleinrechnern ist der Daten- und Adressbus des Mikroprozessors über Anschlußstecker für Erweiterungszwecke nach außen geführt. Wenn man die Speicherorganisation des Mikroprozessorsystems und die Adressen der nicht belegten Speicherplätze kennt, können weitere Komponenten wie Speicher, Ports, Zähler und serielle Ausgabeeinheiten an das System angeschlossen werden. Dabei ist darauf zu achten, daß die externen Komponenten mit dem Mikroprozessor des Rechners zusammenschaltbar sind. In den weitverbreiteten COMMODORE und APPLE-Computern ist der Mikroprozessor 6502 als CPU eingesetzt (der mit der CPU 6800 verwandt ist), so daß vorwiegend Komponenten der Mikroprozessorfamilien 6500 oder 6800 zur Systemerweiterung der genannten Computer eingesetzt werden sollten.

Wenn geeignete Bauelemente zur Verfügung stehen - als Port könnte z.B. der Baustein 6520 oder der universellere 6522 in Frage kommen - ist zu prüfen, welche Adressen im Rechner zum Anschluß der externen Komponente frei zur Verfügung stehen. So ist z.B. bei COMMODORE-Rechnern vom Type 3001 der Speicherbereich von der Adresse 9000H bis C000H entsprechend den dezimalen Adressen 36864 bis 49152 - also insgesamt ein Adressbereich von 12K Byte - zu Erweiterungszwecken verfügbar. Dieser Speicherbereich ist zunächst als ROM-Erweiterungsbereich vorgesehen, so daß aus diesem Adressbereich nur Daten gelesen werden können. Nach Änderung bestimmter Lötbrücken im Rechner läßt sich dieser Speicherbereich auch für Schreiboperationen und damit universell verwenden. In APPLE-Computern sind zur Aufnahme von Erweiterungsmodulen mehrere Kartenstecker vorgesehen (Slots), denen bestimmte Adressbereiche zugeordnet sind. In jedem Fall sind Adressdekoder erforderlich, die die Erweiterungseinheit nur dann freigeben (etwa über einen Chip-Select-Eingang $\overline{CS}$), wenn der Computer die Adresse der externen Baugruppe auf den Adressbus gegeben hat.

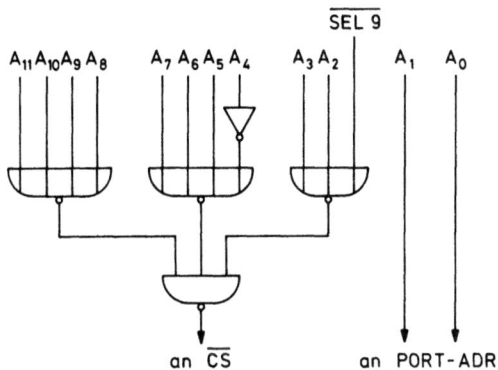

Fig. 3.40: Adress-Dekoder für die Hexadezimal-Adressen
9010 bis 9013

Fig. 3.40 zeigt einen Adress-Dekoder, der den $\overline{CS}$-Eingang
eines Port-Bausteins 6520 aktiviert, dem die Adressen 9010H bis
9013H eines COMMODORE-Rechners zugeordnet werden sollen. Der
interne Adress-Dekoder des Rechners dekodiert die höchsten 4 Bit
der Adresse und liefert zur Freigabe des Adressbereichs
9000H bis 9FFFH das Signal $\overline{SEL9}$ an einem Pin des Systemerweiterungssteckers, so daß die Adressen A_{12} bis A_{15} nicht mehr dekodiert werden müssen.

Wenn der Portbaustein, der natürlich mit dem Daten- und
Steuerbus des Rechners verbunden ist, vom Rechner adressiert
wird, können wie bei den in den vorhergehenden Abschnitten beschriebenen Mikroprozessorsystemen Daten von außen über die Port-Eingangsleitungen in den Rechner eingegeben oder Daten vom Rechner über die Port-Ausgangsleitungen nach außen übertragen werden.

Die Sprache der meisten Minicomputer ist BASIC. Diese recht
leicht erlernbare Programmiersprache kennt einen Befehl, mit dem
der Inhalt eines Speicherplatzes gelesen und einen weiteren, mit
dem Daten in einen Speicherplatz geschrieben werden können.

Der BASIC-Befehl
> PEEK (ADR)

liest den Inhalt der Speicherzelle, deren Adresse ADR als Dezimalzahl angegeben ist. So kann z.B. mit dem Befehl
> PEEK (36880)

der Inhalt der Speicherzelle mit der Adresse 36880_{10} = 9010H gelesen werden. Durch die Befehle
> PRINT PEEK (36880)

wird der Inhalt des Port mit der Adresse 9010H gelesen und als Dezimalzahl auf dem Display des Rechners dargestellt.
Der BASIC-Befehl
> POKE ADR,D

ermöglicht es, die Dezimalzahl D, der eine 8-Bit-Binärzahl entspricht und für die demnach gilt: $0 < D < 255$, in den Speicherplatz mit der dezimalen Adresse ADR zu schreiben.

Wenn z.B. das Bitmuster 1010 1010 zum Port 9010H ausgegeben werden soll, ist zunächst die Dezimalzahl D zu bilden, die der Binärzahl entspricht, die das gegebene Bitmuster beschreibt: D = 128 + 32 + 8 + 2 = 170. Diese Zahl ist zum Port mit der Adresse 36880_{10} = 9010H zu übertragen. Das leistet der BASIC-Befehl
POKE 36880,170.

Sicher sind BASIC-Programme einfacher als Maschinenprogramme. Es ist jedoch zu berücksichtigen, daß der Rechner zur Durchführung der BASIC-Befehle wesentlich mehr Zeit als zur Durchführung von Maschinenbefehlen benötigt. Die BASIC-Befehle werden ja nicht direkt vom Mikroprozessor verstanden, sondern müssen mit einem recht umfangreichen Übersetzungsprogramm interpretiert und in eine Folge von Maschinenbefehlen umgesetzt werden. So wird z.B. mit dem Befehlswort POKE ein Maschinenprogramm aufgerufen, das die dezimal angegebene Adresse, die dem Wort POKE folgt, in eine Binärzahl umrechnet, die der Mikroprozessor als Adresswert verarbeiten kann. Ebenso muß der im POKE-Befehl angegebene Dezimalwert D in eine Binärzahl umgerechnet werden. Wenn dieser Wert endlich im Akkumulator des Mikroprozessors steht, kann er z.B. durch den Maschinenbefehl STA ADR zur angegebenen Adresse übertragen werden.

Der Nachteil von BASIC und anderen höheren Programmiersprachen gegenüber Programmen, die in Maschinensprache geschrieben sind, besteht in der wesentlich längeren Programmausführungszeit.

Nun müssen meist nicht alle Teile eines Programmes in kürzester Zeit abgearbeitet werden. So kann es z.B. sein, daß eine Datenerfassungsanlage nur zu bestimmten Zeiten, dann allerdings sehr schnell hintereinander, Daten aus unterschiedlichen Quellen einlesen und als Reaktion darauf Steuersignale abgeben muß, während in der übrigen Zeit die gesammelten Daten zur Meßwertdarstellung verrechnet und gespeichert werden. In diesem Fall läßt sich der schnelle Programmteil zur Datenerfassung als Maschinenprogramm in das BASIC-Programm zur Datenverarbeitung einbauen. Das wird ermöglicht durch den BASIC-Befehl
SYS (Startadresse), der einen Programmsprung aus einem BASIC-Programm in ein Maschinenprogramm ermöglicht, das mit der als Dezimalzahl angegebenen Startadresse beginnt. Dieses Maschinenprogramm wird mit einem Return-Befehl abgeschlossen, so daß das BASIC-Programm nach Beendigung des Maschinenprogramms mit dem auf SYS (Startadresse) folgenden BASIC-Befehl weitergeführt werden kann.

Die Maschinenprogrammierung von Minicomputern setzt die Kenntnis des eingebauten Mikroprozessors und der Peripherie-Komponenten, sowie der Speicherbelegung des Systems voraus. Außerdem sollte die Software des Computers programmtechnische Hilfsmittel zum Erstellen von Maschinenprogrammen aufweisen. Ein nützliches Werkzeug ist das sogenannte Monitor-Programm. Das ist ein Programm, welches die hexadezimale Darstellung von Speicherinhalten auf dem Display, das Verändern von Speicherinhalten mittels der Tastatur, sowie das Laden, Abspeichern und Ausführen von Maschinenprogrammen erlaubt. Allerdings ist mit dem Monitor nur die Erstellung von Maschinenprogrammen im hexadezimalen Operationscode möglich. Auch die Programmadressen sowie Sprungadressen werden in hexadezimaler Form eingegeben, was bei Programmänderungen durch Einfügen oder Weglassen von Befehlen unter Umständen die Änderung vieler Programmadressen nötig macht.

Wenn längere Maschinenprogramme erstellt werden müssen, sollte man unbedingt mit einem Assembler arbeiten, der die Verwendung mnemonischer Befehle und symbolischer Adressen erlaubt. Der Assembler übersetzt die eingegebenen mnemonischen Befehle in binärcodierte Maschinenbefehle und weist den symbolischen Adressen binäre Programmadressen zu. Assembler - entweder in ROM bzw. EPROM oder auf Diskette gespeichert - sind für alle gängigen Minicomputer erhältlich.

Sachregister

Absorptionsgesetz 13, 14
Abtastfrequenz 176
A/D-Wandler 90 ff., 177
-, Nachlauf- 105
-, Parallel- 97
-, ultraschneller 96
Addierer 42 ff.
Addition 127, 173 f.
Adressbuffer 125
Adressbus 112, 114
Adressdekoder 112, 133, 144
Adressleitung 110
Adressregister 132, 134
Adresse 109, 114
Adressenspeicher 142
Adressierungsarten 136
Akkumulator 126
ALU 127
Analog-Digital-Wandler
 s. A/D-Wandler
Analogschalter 96, 101
Analogtechnik 7
AND 11
Anreicherungstyp 29
Antivalenzfunktion 29, 41
APPLE 200
Äquivalenzfunktion 39, 41
Arbeitsanweisung 110
Arbeitsregister 129
Arithmetikeinheit 127
Arithmetische Operation 127
Arithmetischer Befehl 144
Assembler-Programm 167, 180
-, -Sprache 135
Assemblieren 135
Assoziatives Gesetz 14

Astabiler Multivibrator 84 f.
Asynchronzähler 69
Auffrischen 118
Ausräumzeit 24
Auxiliary-Carry-Flag 128

Bardeen 9
BASIC 201
Basis-Emitter-Spannung 17
Basisstrom 17
BCD 51
BCD-Zähler 69
Bedingter Sprung 150
Befehl 110, 126, 134
Befehls/code 135
-dekoder 110, 125
-register 110, 125
-satz 136, 139, 142
-struktur 136
bidirektional 112
binär 114
Binärzahl 6, 36
Binärzähler 68, 98
Bit 36
Bitmuster 116
bitparallel 77
Brittain 9
Bus 77
-,"gemultiplexter" 131
Bussystem 111
Byte 113

Carry 127, 128
Carry-Flag 128, 148
Chip-Select 133, 200
Clockeingang 63
Clock-Signal 123
CMOS-Schaltkreis 29 ff.
Code 49
Codeumwandlung 135
COMMODORE 200
CPU 110, 123
CR-Hochpass 87

D-Typ-Flip-Flop 67
D/A-Wandler 95, 98 ff., 177
Daten/ausgabe 77
 -buffer 124
 -bus 111, 124
 -direktionsregister 122
 -leitung 110
 -muster 115
 -speicher 111, 124
 -transfer 125
 -übertragung 77
De Morgans Gesetz 12, 14, 40
Dekoder 49, 52
Dekodieren 126
Dekrementieren 126
Dezimale Korrektur 145
Dezimale Subtraktion 174
Dezimalzähler 69
Differentiation 87
Differenzverstärker 26
Digitaltechnik 7
Digital/Analog-Wandler
  s. D/A-Wandler
Digitalisierung 177
Diode 15, 16
Dioden-Gatter 15, 20
Dioden-Transistor-Logik 20

Diodenmatrix 50, 53 f., 114
Direkte Adressierung 137, 143, 150
Disjunktion 11, 14, 17
Display 55, 78
Distributives Gesetz 12, 14
Division 71
Drain 29
DRAM 118
DTL-Schaltkreis 20
Dualsystem 7
Dualzahl 8
Durchlaufverzögerungszeit 60
Dynamisches RAM 118

ECL-Schaltkreis 25
EEPROM 118
Ein-Ausgabeeinheit 111, 121
Einerkomplement 45
Eingangsstrom 23
Elektrostatische Spannung 31
Emittergekoppelte Logik 25
Enkoder 49 f.
Entprellen (eines Schalters) 62
EPROM 116
Exklusiv-ODER 41, 127
Exklusiv-ODER-Gatter 57

Festwertspeicher 110, 113
Flag 128, 148
 -Register 128
Flash-Konverter 97
Flip-Flop 61
Floating-Gate 116
Flußdiagramm 166
Flußspannung 15, 24
Flüssigkristall 56
FPLA 54
Frequenzteiler 66

GaAsP 56
Gabellichtschranke 195
Gasentladung 55
Gate 29
Gateisolation 31
Gegentakt 22
Gesättigte Logik 25
Glimmröhre 54

H-Zustand 9, 15, 22 f., 27, 31
Halbaddierer 43
Hardware 109
Hexadezimal 114
Hexadezimalsystem 38
High Byte 129, 142
Hold-Eingang 131

Idealer Schalter 17
IFL 54
IIL (=I^2L)-Schaltkreis 27
Immediate adressing 137
Implizite Adressierung 136
Impulsformung 86
Impulshöhenanalysator 93 ff.
Impulshöhenspektrum 183
Impulshöhenverteilung 183
Indirekte Adressierung 138, 142, 150
Informationskapazität 118
Initialisieren 153, 163
Initialisierungsprogramm 178, 183, 188, 197
Inkrementieren 126
Innenwiderstand 103
Instruktion 126
Instruktionsregister 125
Integrierte Injektor-Logik 27
Integrierter Schaltkreis 9, 20
INTEL 123

Interrupt 129 f., 157 ff., 178
-Controller 130
-eingang 130, 158
-mask-register 130, 159 f.
-programm 158
-Startadresse 130, 133, 158
Inverter 19, 30, 33 f., 41
Invertierung 127, 148
I/O-Befehl 157
I/O-Einheit 111, 121 ff.

JK-Flip-Flop 63
-, flanken-gesteuertes 65

K 112, 118
Kanalwiderstand 30
Kaskade 40, 45
Kellerspeicher 129
Kennlinienfeld 17 f.
Kippschaltung, monostabile 89
Klammerdiode 24
Kollektrosperrstrom 17
Kommutatives Gesetz 14
Komparator 38, 41, 76, 91, 95, 97, 106 f.
Komplementär 30
Konditionsregister 128
Konjunktion 11, 14, 17
Konstantstromquelle 27, 91, 94
Kontroll/bus 131
-einheit 125
-register 163
Koppelkondensator 88
Kurzschlußstrombegrenzung 22

L-Zustand 9, 15, 22 f., 27, 31
Label 163
Lastwiderstand 18, 22
LCD-Anzeige 56 f.

LED-Anzeige 56
Leistungsaufnahme 23, 30
Lesen 111
Lichtschranke 195
Linksverschiebung 145
Löscheingang 61
Löschen 116 f., 125, 147, 172
Logik, gesättigte 25
-, ungesättigte 25
Logische Befehle 146
- Funktion 9, 14, 40
- Operation 127
- Variable 10, 13, 15
Low Byte 129, 143
Low-Power-Schaltkreis 32
LSB 36

Maschinenbefehl 125 f., 134, 136
Maschinensprache 134
Maschinensteuerung 194
Maschinenzyklus 126, 182
Maskenprogrammiert 115
Maskierbarer Interrupt 130, 158
Maskieren 147
Master-Slave-Flip-Flop 62 f.
Mehrfachumschalter 74
Meßtechnik 176
Meßwert/aufzeichnung 177
-speicher 176
Metall-Halbleiter-Übergang 24
Mikro/computersystem 109
-programm 125
-programmschritt 125
-prozessor 109, 123
-prozessorsystem 131
Minicomputer 200
Minoritätsträger 24
Mnemonik 135
Monoflop 89, 107

Monostabile Kippschaltung 89
MOS-FET 29, 116
Motorola 124
MSB 36
Multiplexen 78
Multiplexer 73, 79, 121
Multiplikation 71
Multivibrator 84, 85

N-Kanal-MOS-FET 29
N-MOS 30
Nachlauf A/D-Wandler 105
Nachlaufregler 195
NAND-Gatter 20, 22, 32 f.
Negation 10, 14
Negativ-flankengesteuert 65
Negative Zahl 46
Nibble 13 f.
Nicht maskierbarer Interrupt 130, 158 f.
NOR-Gatter 27, 32, 33
Nullsetzen (einzelne Bits) 147

ODER-Gatter 15, 27, 33
ODER-Verknüpfung 11, 15
Offener Kollektor 75
Open Collector 75
Operand 136
Operationscode 136
Operationsschritt 125
Operationsverstärker 93, 98, 102
Oszillator 106

P-Kanal-MOS-FET 30
P-MOS 30
Packungsdichte 27 f.
Parallel/Serien-Wandler 73
Paralleleingang 72
Parallelwandler 97

Parity-Flag 128
Peak-Detect-Signal 93
Pegeländerung 23
Periodendauer 85
Peripherie 113, 121
Peripherie-Bausteine 123, 131
PLA 54
Polarisator 57
PORT 111, 121, 133, 163, 200
Positive Logik 10
Prellen (Schalter) 62
Priorität 158
Programm 113
 -dauer 126
 -speicher 110, 114
 -sprung 126
 -startadresse 125, 133, 164
 -statuswort 155
 -unterbrechung 129
 -verzweigung 126
 -zähler 124, 126
Programmierspannung 116
Programmierung 123 ff.
PROM 115
Punktraster 191

Quarz 29
Quarzoszillator 125

R2R-Netzwerk 102
R2R-Wandler 102
RAM 111, 118 f., 133
Rampenverfahren 90, 93
Rechenschaltkreis 36
Rechenwerk 110
Regelkreis 195
Register-Adressierung 136, 142, 146
Register 124, 126

Registerpaar 129
Reset 125
Reset-Eingang 130
Reststrom 17
Return-Befehl 151, 153
Ringzähler 71
ROM 110, 114, 131
RS-Flip-Flop 59, 61, 119
Rücksprungadresse 129, 130, 151
Rücksprungbefehl 151, 153 f.
Rückwärtszähler 69

Sättigung 18, 20, 22, 24
Sättigungsspannung 19
Schachteltiefe 153
Schaltelemente 9
 -frequenz 31
 -geschwindigkeit 21, 23
 -hysterese 83
 -kapazität 21, 32
 -pegel 23
 -schwelle 83
 -transistor 17, 23
 -verzögerung 24, 25
 -zeichen 33, 41
Schieberegister 71, 96
Schmitt-Trigger 81 ff.
Schottky-Diode 24
Schottky-TTL 23
Schreib-Lese-Leitung 111, 121
Schreib-Lese-Speicher s. RAM
Schreiben 111
Schwellenspannung 117
Schwingungen 23
Selbstsperrender MOS-FET 30
Select-Gate 116
Serieller Datenausgang 131, 160
 -Dateneingang 131, 160
Serien/Parallel-Wandler 73

Servolenkung 194
Setzeingang 61
Shockley 9
Siebensegment-Symbol 55
Signallaufzeit 88
Signum-Flag 128
Silicium-Oxid 29, 32
Single-Slope-Verfahren 93
Software 131
Source 29
Spannungs/Frequenz-Wandler 106 ff.
Spannungspegel 23
Spannungsquelle 103
Speicher 59
Speicherkondensator 118
Speicherplatz 110
Speicherzelle 118
Sperrstrom 29
Sperrverzögerung 24
Spitzenwertdetektor 93
Sprungbefehl 126, 138, 150
SRAM 118
STACK 129, 152 f., 155
 -Operation 155
 -Pointer 129, 152, 155, 163
Stapelspeicher 129
Statischer Betrieb 30
Status-Register 128, 144
Stellmotor 195
Steuerbus 113
Steuereingang 74
Steuereinheit 124
Steuerung 194
Steuerwerk 110
Störabstand 23, 31
Störsicherheit 23
Störspannung 107
Strahlungsdetektor 93
Strobe-Signal 123

Stromquelle 101, 106
Strom-Spannungswandler 102
Stromverstärkungsfaktor 18
Subtrahierer 45
Subtraktion 127
Sukzessive Approximation 95
Summenverstärker 98
Summierer 98
Symbolische Adresse 163, 204
Synchronzähler 70

Taktflanke 65
Taktsignal 63
Taktzyklus 126
Tautologie 14
Tetrade 37, 113
Tracking-A/D-Wandler 105
Transfer-Befehle 142
Transientenrekorder 176
Transistor 17
Triggerimpuls 90
Tristate 131
 -Ausgang 79
 -Gatter 121
TTL-Schaltkreis 21 f.

Übertragsflag 128
Übertragsregister 127
Übertragung von Meßwerten 108
U/F-Wandler 106 ff.
Umschaltverlust 31
Unbedingter Sprung 150
UND-Gatter 33
UND-Verknüpfung 11, 16, 127
Ungesättigte Logik 25
Univibrator 89
Unmittelbare Adressierung 137, 142, 146

Unterbrechungsanforderung 130, 158
Unterprogramm 151
Unterprogrammaufruf 129, 151, 154
UV-Licht, Löschen durch -, 117

Vergleichsbefehl 148
Verzögerungsschleife 181
Vielkanalanalysator 183
Virtuelle Erde 99
VLSI-Schaltkreise 123
Volladdierer 43
Vorbereitungseingang 63 ff.
Vorwärts-Rückwärts-Zähler 106
Vorzeichenbit 46, 128

Wägeverfahren 95
Wahrheitstabelle 10
Wegkoordinaten 194
Widerstandsgerade 17
Wilkinson-Verfahren 93
Wired-NOR 75

Zähler 68
Zeichenseriell 77
Zeichentabelle 192
Zeigeradressierung 138
Zeitkonstante 85, 90
Zentrale Steuereinheit 110
Zero-Flag 128, 148
Ziffernanzeige 54
ZILOG 124
Zustandgröße 8, 15
Zustandsinformation 113
Zweierkomplement 45
Zykluszeit 182

MikroComputer-Praxis

Die Teubner Buch- und Diskettenreihe für
Schule, Ausbildung, Beruf, Freizeit, Hobby

Becker/Mehl: **Textverarbeitung mit Microsoft WORD**
251 Seiten. DM 26,80

Danckwerts/Vogel/Bovermann: **Elementare Methoden der Kombinatorik**
Abzählen – Aufzählen – Optimieren – mit Programmbeispielen in ELAN
In Vorbereitung

Duenbostl/Oudin: **BASIC-Physikprogramme**
152 Seiten. DM 23,80

Duenbostl/Oudin/Baschy: **BASIC-Physikprogramme 2**
176 Seiten. DM 24,80

Erbs: **33 Spiele mit PASCAL**
... und wie man sie (auch in BASIC) programmiert
326 Seiten. DM 32,–

Erbs/Stolz: **Einführung in die Programmierung mit PASCAL**
2. Aufl. 240 Seiten. DM 24,80

Grabowski: **Computer-Grafik mit dem Mikrocomputer**
215 Seiten. DM 24,80

Haase/Stucky/Wegner: **Datenverarbeitung heute**
mit Einführung in BASIC
2. Aufl. 284 Seiten. DM 23,80

Hainer: **Numerik mit BASIC-Tischrechnern**
251 Seiten. DM 26,80

Hoppe/Löthe: **Problemlösen und Programmieren mit LOGO**
Ausgewählte Beispiele aus Mathematik und Informatik
168 Seiten. DM 21,80

Klingen/Liedtke: **ELAN in 100 Beispielen**
In Vorbereitung

Klingen/Liedtke: **Programmieren mit ELAN**
207 Seiten. DM 23,80

Koschwitz/Wedekind: **BASIC-Biologieprogramme**
In Vorbereitung

Lehmann: **Lineare Algebra mit dem Computer**
285 Seiten. DM 23,80

Lehmann: **Projektarbeit im Informatikunterricht**
Entwicklung von Softwarepaketen und Realisierung in PASCAL
236 Seiten. DM 24,80

Löthe/Quehl: **Systematisches Arbeiten mit BASIC**
2. Aufl. 188 Seiten. DM 21,80

Lorbeer/Werner: **Wie funktionieren Roboter**
In Vorbereitung

Fortsetzung auf der 3. Umschlagseite

MIX
Papier aus verantwortungsvollen Quellen
Paper from responsible sources
FSC® C105338

If you have any concerns about our products,
you can contact us on
ProductSafety@springernature.com

In case Publisher is established outside the EU,
the EU authorized representative is:
**Springer Nature Customer Service Center GmbH
Europaplatz 3, 69115 Heidelberg, Germany**

Printed by Libri Plureos GmbH
in Hamburg, Germany